0戒心銷售術

掌握9大銷售重點，精準找到客戶的痛點

黃榮華　肖贊　著

◎ 戰場需要運籌帷幄，銷售也需要步步為營！

未雨綢繆-銷售前的準備工作
拉近距離-創造輕鬆和諧的談話氛圍
進退有度-應答有術，掌控全局
換位思考-站在客戶的立場
解決問題-解決客戶的問題就是向成交更近了一步！

目錄

目錄

目錄

目錄

前言

銷售是一場集心理、體力與智慧於一體的較量，所以銷售人員一定要精通溝通之術。因為每一次溝通都是探尋客戶內心需求與心理底線的過程。名則與客戶交朋友、聊天，實則探尋銷售情報。因而，一個銷售人員能否在與客戶有限的幾次溝通機會中洞察客戶內心，獲得銷售機會，就顯得尤為重要。

如何與客戶溝通，決定著銷售的成敗。從銷售的過程來看，溝通存在於約見之前的自我介紹，存在於約見時的相互了解，存在於談判過程中的你來我往，存在於交易完成之後的繼續聯繫。一言以蔽之，只要有客戶需求，銷售員與客戶之間的互動溝通就不會停止。但如何說服客戶買單？如何與客戶建立友好的關係？如何讓客戶鍾情於你以及你公司的產品？這是一個銷售員終生要面對的頭疼問題。

在銷售過程中，溝通並不總是順暢無阻的，它蘊藏著許多不為人知的艱難和辛酸，這其中不僅包括身體上的勞累，還包括心力和腦力的付出。所以有人說，銷售是一項最辛苦又最能鍛鍊人的工作。對於銷售員來講，只有盡快掌握與客戶溝通的方法、技巧以及應注意的細節，才能早日從鍛鍊中脫穎而出，讓溝通變得輕鬆和愉悅。

有效溝通是建立在互惠互利基礎上的，如果僅僅只考慮本方的利益而不考慮對方的利益，這樣的溝通是很難取得效果的，這就是我們經常提到的「雙贏」思想。特別是在與客戶溝通的時候，

前言

溝通不好，會產生誤解，造成障礙，失去很多的機會，造成一些遺憾。我們在惋惜溝通失敗的時候，更多的是在講求技巧、方法適當。其實，更重要的是在於對溝通的理解，以及溝通時的態度。任何時候、任何事物的溝通，都是雙方面的，是相互的包容與接納。否則，一廂情願，將自己的意願強加於人，強人所難的被動溝通，註定是要失敗的。而在與客戶溝通中，更應是相互尊重，互惠互利，才能達成。也只有這樣，才會你有我有，你要我要，獲得「雙贏」的效果。

本書從溝通前的準備工作談起，集實用性與趣味性於一體，告訴讀者如何創造和諧的銷售環境，把握銷售溝通的尺度，主動溝通，進退有度，解決溝通的障礙與分歧，以及如何促成交易的溝通方法技巧等方面。

本書力求以最經典的案例、以最易於吸收的形式、以最簡潔的表達方式，透過大量鮮活、貼切的銷售事例，深入剖析了銷售溝通不暢的問題，進而總結出銷售人員在與客戶溝通過程中應掌握的方法，具有很強的可操作性和實用性。另外，本書還從心理學角度進行理論提升，輔以實用的溝通訓練技巧，幫銷售人員輕鬆走出溝通不暢的僵局，迅速導向成交的溝通技術。它能幫助你從一名銷售新人快速地成長為業績斐然的銷售冠軍！

本書可供各行各業銷售人員培訓參考使用，也可供市場行銷、策劃等相關專業的師生閱讀。

第一章　做好溝通前的準備工作——未雨綢繆，後備無患

一個客戶對你銷售的產品或服務是否感興趣，很多時候源自於你對產品或服務的態度。而作為一名銷售人員，只有做好溝通前的準備工作，不斷豐富自己的產品知識、對你以及其他同類產品有了足夠了解之後，客戶才會下決心購買。

保持專業的職業形象

在眼球經濟形象掛帥的商業社會，如何塑造銷售人員良好形象；如何將形象定位在最有利的位置，發揮應有的魅力；並進一步擴大影響力，以成就一番事業，這是十分值得銷售人員探究的話題。

作為一名銷售人員，每天都要面對許多不同類型的客戶，因此你必須具備許多不同的能力和技巧，要讓你想認識的人也認識你，就需要適時表現你自己，讓別人都注意到你。你才有贏得客戶訂單的機會。

在銷售我們自己的時候，我們的外表非常重要，而且永遠不可忽視。去高級理髮店、減肥、把西裝燙一燙——盡一切方法，也要把自己變成一個別人喜歡和你在一起的那種人，因為在別人面前，他們會跟你說話，看到你。

「佛靠金裝，人靠衣裳」。人類都有以貌取人的天性，外在形象直接影響著別人對你的印象。穿著得體整潔的人給人的印象會好，它等於在告訴大家：「這是一個聰明、自重、可靠的人，大家可以尊敬、信賴他。」反之，一個穿著邋遢的人給人的印象就差，就等於在告訴客戶：「這是個沒什麼作為的人，他粗心、沒有效率、他習慣不被重視。」還有，面容方面，疲倦、憔悴或沒刮乾淨的鬍鬚都會帶來嚴重的負面影響；頭髮太長或淩亂不堪亦然；不合身分的穿著，會令對方對你產生輕浮的印象。

身上的服飾，具有「延長自我」的特徵。如果一個人的形象和代表「自我延長」的服飾差距過大，就會令人有「不完整人格」的印象。比如，衣服和鞋子都是高級品，而腰帶卻是廉價品的打

保持專業的職業形象

扮穿著，就會令人產生不自然的感覺，懷疑是詐騙犯。

此外，體形臃腫、衣著缺乏品味和姿勢不雅等等，同樣是造成負面形象的主要因素。除了經常檢查自己的儀表之外，尚需注重整體的協調感。

臉部的表情是影響情緒的重要因素。即使是臉部極小的表情變化，或一個不為人察覺的小動作，都會影響到我們的感受，因而產生不同的想法和做法，最終便影響了人生的變化。譬如說你只要在臉上綻放出笑容，便能很快感覺到自己的信心。而有了自信便會有各種各樣的能力，得以靈活面對各種環境。

大多數人都有過這樣的經歷，對一個素不相識的人，看第一眼就會在心裡對他的性格和品味有一個大致的判斷，即使在以後的相處當中隨著了解加深，你也都會一直認為他和你一開始認為的一樣。

人與人之間初次交往所留下的第一印象，會在彼此的意識中占據主導地位，影響雙方後續交往的情況。

在銷售中，如果銷售人員給予客戶的第一印象是不好的，那麼銷售人員要想在後來的接觸中扭轉客戶對自己的態度，就必須付出加倍的努力，用一百個、甚至更多的好印象去彌補。不過，即使如此，也未必就能成功改變客戶對你的看法。因此，與其事後費力彌補，不如在交往之初就留給對方一個良好的印象。所以，銷售人員要時刻注意保持自己的職業形象。

那麼銷售人員應該從哪些方面來注意自己的職業形象呢？

首先，銷售人員要注意自己的穿著和打扮得體。當你穿著整潔、職業的時候，客戶就會潛意識認為你是在一家很正規、很優秀的公司工作，從而對你和你的產品或服務也比較容易信任。這樣，銷售起來就更加容易成功。其次，要注意自己的言行。當你守時、禮貌、準備充分出現在客戶面前的時候，你的這些良好品質也會留下良好的第一印象，而這個正面的印象會像光圈一樣擴展到你做的每件事情上，也擴展到你的產品上，促使客戶認同你和你的產品。

作為一名銷售人員，要將自己給客戶的第一印象充分重視起來，將自己的個人形象視為第二生命，時刻保持專業的職業形象。

預備一個好的開場白

俗話說，好的開始便是成功的一半。開場白是銷售人員與客戶見面時，前兩分鐘要說的話，這可以說是客戶對銷售人員第一印象的再次定格（與客戶見面時，客戶對你的第一印象取決於衣著與銷售人員的言行舉止）。客戶常常是用第一印象來評價他所見到的銷售員的，這決定了客戶願不願意給繼續談下去的機會。

「對不起，我只給你五分鐘。」對於前來拜訪的盧先生，某保健按摩公司董事長冷冰冰說道。

「貴公司看似龐大，但現在暗藏危機。」盧先生說，「你們推崇的居家裝飾風格，現在已經被別人模仿；你們所謂的獨特按摩法，其實早已不獨特；您放言要在五年內開兩千家加盟店，但現在還不足三百家，如果想要高速發展，就必須有自己強大的核心競爭力。」

盧先生的「開場白」讓董事長大吃一驚，作為一家知名企業，這位「素未謀面」的銷售員，居然一語擊中要害。五分鐘的演講時間，不知不覺被拖了三個多小時。一週後，盧先生收到了這家公司的首批定金。

雖然常說不能用第一印象去判斷一個人，但是客戶卻經常用第一印象來判斷銷售員。因此，銷售員與客戶見面時，要提前準備一個有特色的開場白，開場白的好壞，可以決定一次訪問的好壞。在上面的故事中，盧先生正是用直抵要害的開場白，引起了客戶的重視，最終談成了這筆生意。

再看另一個例子：

「王總，您好！看您這麼忙還抽出寶貴的時間來接待我，真是非常感謝！」銷售員小陳如約來到客戶的辦公室。

「王總，辦公室裝修得這麼簡潔卻很有品味，可以想像您應該是一個做事很幹練的人！這是我的名片，請多指教！」

「王總以前接觸過我們公司嗎？我們公司是國內最大的為客戶提供個性化辦公方案服務的公司。我們了解到現在的企業不僅關注提升市場占有率、增加利潤，同時也關注知何節省管理成本；考慮到您作為企業的負責人，肯定很關注如何合理配置您的辦公設備，節省成本，所以，今天來與您簡單交流一下，看有沒有我們公司能協助得上的。」

「貴公司目前正在使用哪個品牌的辦公設備？」

小陳的開場白也比較成功。因為，與客戶交往之初，開場白需要達到吸引對方注意力的目的，以引起客戶的興趣，使客戶樂於與自己繼續交談下去。因此，在開場白中陳述能帶給客戶什麼價值非常重要，這要求銷售人員對自己銷售的產品或者服務的價值有研究，突出客戶關心的部分。如何找出客戶最關注的價值並結合陳述，是開場的關鍵部分。

所以，開場白要提前準備好。一般來講，開場白包括以下幾個部分：感謝客戶接見你並寒暄、讚美；自我介紹或問候；介紹來訪的目的，突出可能帶給客戶的價值；轉向探測需求，以問題結束，讓客戶開口講話。但是，許多銷售員在開場白上會犯一些錯誤，主要的錯誤有以下幾種。

1.開場白說得不好

銷售員的開場白對客戶的影響重大，如果第一句開場白能引起客戶的興趣，那就比較容易將產品銷售出去。相反，如果銷售員的第一句話不能引起客戶的興趣，那就要在之後的銷售過程中花費更多的口舌說服客戶。有的銷售員第一句話常是廢話，如「我只是想知道……」「我來是為了……」「我來只是告訴您……」像這樣的開場白不僅不能引起客戶的興趣，也許還會讓他們反感。

2.過於謙虛，缺乏底氣

在開場白中，銷售員最忌諱的是使用虛擬語氣太多，顯得對自己極其不自信，從而讓客戶心生疑慮：是不是銷售員要銷售的產品存在著什麼缺陷，或者有什麼其他的藉口。這樣的開場白如：

「您好，王經理，我並不想打攪您，我只是想，我也許能使您對我們公司的生產計畫感興趣。請原諒我的突然造訪。」對客戶謙虛一些是可以的，但過分謙虛就會讓客戶產生不必要的猜疑，產生不好的影響。

3.沒有目的的亂聊

在與客戶交談之初說點寒暄的話是必要的，但這些話對銷售無根本意義，如果說得太多則容

易影響銷售正題及洽談節奏，而且也浪費了客戶的時間，使客戶不耐煩。所以開場白最忌沒有目的的亂聊。銷售員要知道，銷售產品要找話題調節氣氛，與客戶交談最直接的目的就是要將自己的產品銷售給客戶。而且，如果銷售員過分寒暄，會讓客戶覺得銷售員不夠坦率，而對銷售員有不良的印象。

4.讓客戶先發言

拜訪客戶最主要的目的是要抓住機會向客戶介紹自己的產品，引導他們購買自己的產品。所以銷售員在向客戶介紹產品時一定要先發言，掌握談話的主動權，這樣才能更好引導客戶。如果主動權掌握在客戶手中，銷售員就只能處於被動地位，被客戶的思路牽制著，而不能把自己準備好的說辭全部傳達給客戶。

5.言語中對客戶所知甚少

對客戶來講，不管他是否是所在公司的所有者，他們都會希望他們的公司是最好的。如果銷售員在開場白就表現出對他的公司所知甚少，就會打擊客戶的自尊心，使客戶產生反感，就不會從你那裡下訂單。如：「先生，您好，我對這裡非常熟悉，怎麼從來不知道你們在這座大樓裡。今天見了您，才知道你在這裡。」這樣說，會顯得銷售員對客戶一無所知，讓客戶產生不愉快的心情。

6.以自我為中心

在做開場白的時候，如果銷售員以自我為中心，讓客戶感到只有銷售員是重要的，那麼談話會很快結束，銷售失敗的概率會很高。如「先生，您好，我今天來想向您展示我們產品的使用方法，請您讓我來為您做全面的講解，十分鐘的時間您肯定有的。」

在上述情況下，客戶一般不會讓銷售員說得太多，銷售員也往往會失去向客戶進一步介紹的機會，只能被動等著客戶的回音。這對於銷售成功極為不利。

想好怎麼稱呼客戶

與客戶開口說話前，想好怎麼準確稱呼客戶至關重要，這是銷售溝通中不可不注意的細節。

一位銷售員匆匆走進一家公司，找到經理室敲門後進屋。「您好，羅傑先生，我叫湯姆，是公司的銷售員。」

「湯姆先生，你找錯人了吧。我是史密斯，不是羅傑！」

「噢，真對不起，我可能記錯了。我想向您介紹一下我們公司新推出的彩色印表機。」

「我們現在還不需要彩色印表機。」

「不過，我們有別的型號的印表機。這是產品資料。」湯姆將印刷品放在桌上，「這些請您看一下，有關介紹很詳細的。」

「抱歉，我對這些不感興趣。」史密斯說完，雙手一攤，示意走人。

要知道，在任何語言環境中，對任何一個人而言，最動聽、最重要的詞就是他的名字。誰都喜歡被別人叫出自己的名字，所以不管客戶是什麼樣的身分，與你關係如何，你都要努力將他們的容貌與名字、職務牢牢記住，這不僅會增強記憶力，更會使你的銷售暢通無阻。

忘記別人的名字簡直是不能容忍的無禮。尤其是對於銷售員來說，記住別人的名字是至關重要的，因為能夠熱情叫出對方的名字，從某種程度上表現了對他的尊重，而好感就由此產生。如果你還沒有學會這一點，那麼從現在開始，留心記住別人的名字和面孔，用眼睛認真看，用心去記，不要胡思亂想。

要牢記客戶的名字，準確稱呼客戶，可參考下面四個方法。

1.用心聽、用心記

把準確記住客戶的姓名和職務當成一件非常重要的事，每當認識新客戶時，一方面要注意聽，一方面牢牢記住。若聽不清對方的大名，可以再問一次：「您能再重複一遍嗎？」如果還不確定，那就再來一遍：「不好意思，您能告訴我如何寫嗎？」切記！每一個人對自己名字的重視程度絕對超出你的想像，客戶更是如此！記錯了客戶名字和職務的銷售員，很少能獲得客戶的好感。

2.運用有趣的聯想

對於客戶的稱呼，如果能利用其特徵、個性以及名字的諧音產生聯想，也是一個幫助記憶的好方法。

3.用筆輔助記憶

在取得客戶的名片之後，可以把他的特徵、愛好、專長、生日等寫在名片背後，以幫助記憶。若能配合照片另製資料卡則更好。不要一味依賴自己的記憶力，萬一出錯，則得不償失。

4.不斷重複，加強記憶

在很多情況下，當客戶告訴你他的名字後，不過十分鐘就被忘掉了。這個時候，如果能多重複幾遍，才會記得更牢。因此，在與客戶初次談話中，應多叫幾次對方的稱呼。如果對方的姓名或職務少見或奇特，不妨請教其寫法與取名的原委，這樣更能加深印象。

樹立必要的信心

銷售人員一旦喪失自信，失敗就會頻繁光顧。因此，樹立起必要的信心，並將其恰當展現給客戶，讓他們感覺你充滿信心活力和希望，就會令客戶好感叢生，成功獲得訂單也就一步之遙了。

在銷售過程中，自信是促使顧客購買你商品的關鍵因素。自信會使你的銷售變成一種享受，能使你把銷售當作愉快的生活本身，你會在自信的銷售工作中，對自己更加滿意，更加欣賞自己。要想成為優秀的銷售人員，你要時刻懷有這樣的信念——「我一定能成為公司的第一名，一定能達到自己的目標」。堅持這樣的信念去行動，你就能克服一切困難。

當你和客戶會談時，言談舉止若能露出充分的自信，則會贏得客戶的信任，客戶信任了，他們才會相信產品，而心甘情願建立合作關係。透過自信，才能產生信任，而信任，則是客戶購買產品的關鍵因素。

那麼如何才能表現出你的自信呢？首先必須衣著整齊，挺胸抬首，笑容可掬，禮貌周到，對任何人親切有禮，細心應付。如此，你的自信也必然會自然而然流露於外表，並且也感染客戶。

一個沒有自信的人，做什麼事都不會成功。自信是成功的先決條件。你只有對自己充滿自信，在客戶面前才會表現得落落大方，胸有成竹，你的自信才會征服消費者，他們對你銷售的產品才會充滿信任。

在銷售界流行著這樣一句話：「沒有賣不出去的產品，只有賣不出產品的人」。銷售人員要想在銷售過程中獲得成功，就必須相信自己一定能把產品賣出去。

銷售是信心的傳遞，是情緒的轉移。如果你對產品非常的有信心，你滿腦袋是知識，你就能暢所欲言介紹你的產品，那你想不成功都很難。所以說，如果你認為你能，天下就沒有賣不出去的產品；如果你認為你不能，你就根本不可能把產品賣出去。

當面對拒絕與失敗的時候，銷售人員更要表現的充滿自信。銷售人員需要時刻微笑著告訴自己：沒關係，下次再來，拒絕是銷售的開始。要輕鬆面對，然後客觀總結分析銷售過程的成敗得失，為重新贏得客戶的訂單創造機會，樹立信心。

不要害怕客戶的拒絕

遭受挫折或被拒絕對銷售人員來說是一件非常沮喪的事情。它意味著自己為銷售成交而準備的大量前期工作，將付諸東流，前功盡棄。所以一些銷售人員喪失信心，承受不起這個無情的打擊，最終在這個職業上淘汰了自己。

任何銷售的成功都有一個積累和飛躍的過程，只有當積累到一定程度時，才能成功，因此要堅持、再堅持，努力、再努力。

一對從農村到城市打工的兄弟，幾經周折才被一家禮品公司招聘為銷售員。他們沒有固定的客戶，也沒有任何關係，每天只能提著各種工藝品的樣品，沿著城市的大街小巷去尋找買主。半年過去了，他們跑斷了腿，仍然到處碰壁，一樣商品也沒有銷售出去。

經歷了無數次失望後，弟弟磨掉了最後的耐心，他向哥哥提出兩個人一起辭職，重找出路。哥哥說，萬事開頭難，再堅持一陣，也許下一次就有收穫。弟弟不顧哥哥的挽留，毅然告別那家公司。

第二天，兄弟倆一同出門。弟弟按照招聘廣告的指引到處找工作，哥哥依然提著樣品四處尋找客戶。那天晚上，兩個人回到租屋時卻是兩種心境：弟弟求職無功而返，哥哥卻拿回來銷售生涯的第一張訂單。一家哥哥四次登門過的公司要招開一個大型會議，向他訂購二百五十套精美的工藝品作為與會代表的紀念品，總價值二十多萬元。哥哥因此拿到兩萬元的提成，得到了打工的第一筆錢。從此，哥哥的業績不斷攀升，訂單一個接一個而來。

幾年過去了，哥哥不僅擁有了汽車，還擁有的住房和自己的禮品公司。而弟弟的工作卻走馬燈似的換著，連穿衣吃飯都要靠哥哥資助。

弟弟向哥哥請教成功真諦。哥哥說：「其實，我成功的全部祕訣就在於我比你多了一份堅持。」

銷售工作實際是很辛苦的，這就要求業務要具有吃苦、堅持不懈的韌性。「吃得苦中苦，方為人上人」。銷售工作的一半是用腳跑出來的，要不斷去拜訪客戶、協調客戶，在拒絕面前，銷售人員要有從容不迫的氣度和經驗，不要因遭到拒絕而灰心喪氣停止銷售。使在與顧客告辭的時

候，也要面帶微笑再次創造成交的機會，因為成功就隱藏在拒絕的背後！

明確每次銷售的目標

銷售人員必須弄清楚的一個事實是：你是為了實現銷售目標而與客戶展開溝通，並不是為了溝通而溝通。這是一個看起來十分簡單的道理，可是有些銷售人員卻經常顛倒銷售與溝通之間的關係，他們自以為能言善辯就可以成為一個優秀的銷售人員，甚至有些銷售人員還經常忽略銷售的最終目標，而與客戶大玩語言遊戲。

與客戶展開溝通是銷售人員的基本工作，但它並不是銷售人員的工作目標，而是實現銷售目標的一種重要手段。為此，那些只關心良好溝通氛圍而忽視銷售目標的人必須及早注意，一定要集中精力在銷售上。

兩家同行公司分別招聘了一批剛剛畢業的大學生擔任銷售人員。A公司在培訓新人時一直強調以結果為導向，即一切為銷售目標而服務；B公司培訓新人時更注重客戶溝通技巧。在AB兩家公司對新員工培訓完畢後的三個月，A公司的銷售人員在與客戶溝通的過程中時時都圍繞著最終目標進行，而B公司的銷售人員則表現得更傾向於侃侃而談。三個月後，A公司的銷售人員完成的銷售量是B公司的三倍。

最後AB兩家公司在調查客戶時發現，大多數客戶都認為B公司的銷售人員素質較高，很講究溝通技巧，和他們在一起談話很愉快，可是他們實現目標的主動性和積極性卻很差，他們錯過了很多次可以促成交易的機會。對A公司的銷售人員評價時，客戶們雖然認為他們不如B公司的銷售人員善談，但是他們卻能夠抓住一切機會促成交易，客戶是被他們實現目標的堅決性和主動性說服的。

作為一名銷售人員，自然必須為你的銷售業績負責。如果沒有令人矚目的銷售業績，無論你自認為自己多麼富有才幹都無濟於事。除非你不願意在銷售行業中有所建樹，否則你就必須為自己的銷售業績負起全部責任。

銷售業績也可以說是一段時期之內銷售人員的銷售目標。許多成功人士的經歷都表明，當他們作為一名銷售人員時，他們的銷售業績都是令人矚目的，驕人的銷售業績就是他們向成功進一步邁進的有力後盾。

目標對一個人的心理和行為具有很大影響。心理學家的研究表明，目標可以啟動大腦中的一個專門機制，它決定著人們的大腦在任何時候集中的焦點。因此，我們可以理解為，一個目標堅定的人其一言一行都是以這個目標為焦點的。

但是，目標並非是單一的，也不是一成不變的。雖然銷售人員的每一次銷售活動都以達成交易為最終目標，但是這一目標卻可以根據不同的實際情況分解。比如，銷售人員可以按照銷售的進展情況對最終目標如下分解：得到客戶的約見——給客戶留下良好的印象——使客戶對自己和公司及公司的產品產生信任——讓客戶對產品的各項條件滿意——達成交易。

當然了，達成交易並不是最根本的目標，銷售人員與客戶溝通時必須明確，最根本的銷售目標是達成交易並且令客戶感到滿意，而實現與客戶的長期合作。

珍妮亞曾經擔任美國一家著名雜誌的副總裁，這對於一位黑人女性來說是非常了不起的。不過珍妮亞並不滿足於此，她很清楚自己總有一天會擁有自己的公司，並且要把自己的公司辦得有聲有色。

在沒有開辦自己的公司之前，珍妮亞透過一個偶然的機會認識了一位藝人，她憑藉自己有親和力的外表和熱情的性格很快和這位藝人成為朋友。之後，她一直創造機會與這位前途無量的藝人保持友好的聯繫，她還利用自己是著名雜誌副總裁的身分為這位藝人提供了很多幫助。在這期間，她也透過這位藝人結識了很多演藝界的名人。

透過一部轟動全球的電影，這位藝人迅速走紅，成為一名家喻戶曉的明星。在慶祝藝人成功的舞會上，有人提出眼前的這位明星需要一個公關人員。珍妮亞敏感意識到，自己開辦公司的機會來臨了。她馬上著手準備各種資料，之後又將自己的想法和能力告訴那位影星。一個月之後，她新成立的公司接到的第一位客戶就是這位世界票房第一的大明星！而為了這個偉大目標的實現，珍妮亞已經做了兩年多的準備，付出了很多當時人們不理解的努力，當這些努力終於有了回報時，她已經有了一個非常成功的開始。

銷售人員的目標是透過溝通促成與客戶之間的交易。時刻專注於銷售目標，所有的客戶溝通都要圍繞銷售目標而展開。注意長期目標與短期目標之間的關係，要統籌兼顧，而不要顧此失彼。時刻謹記銷售目標，但不要強迫客戶接受自己的銷售意圖，因為這樣會破壞你與客戶之間的長期合作關係。

管理客戶的重要資訊

在明確銷售目標之後、展開銷售活動之前，銷售人員除了要對本企業、所銷售產品以及競爭對手的情況了解之外，還要對客戶的相關資訊全方位、深層次的研究。這就是通常人們所說的「客戶資訊管理」過程，搜集客戶的相關資訊就是銷售員管理客戶資訊的第一階段。在這一階段，銷售人員應該明確需要搜集的客戶資訊內容、搜集客戶相關資訊的主要途徑和方法，以及在搜集客戶資訊時需要注意的問題。

1.需要搜集的客戶資訊內容。

銷售人員需要搜集的客戶資訊內容主要包括以下兩個方面：

首先客戶的基本資訊：主要包括客戶的姓名、聯繫方式、具體位址、潛在需求、個人好惡以及是否具有購買決策權等。如果在不了解以上基本資訊的基礎上貿然銷售，最終銷售人員可能會使自己陷入非常尷尬的境地。如下面一位銷售員的貿然銷售：

一位銷售員匆匆走進一家公司，他向服務台的小姐禮貌的詢問：「您好，請問周經理在辦公室嗎？」

服務台的小姐感到莫名其妙，她回答：「對不起，你找錯地方了，我們這裡沒有姓周的經理。」

銷售員愣了一下，然後又問：「那請問，這裡是某房地產開發有限公司嗎？」

服務台小姐回答道：「是的。」然後又反問銷售員：「請問您有什麼事？」

銷售員說：「我是××木地板公司的銷售員，我想找你們公司負責採購的經理，對不起我一時想不起他姓什麼了。」

服務台小姐看了對方一眼說道：「對不起，我們公司負責採購的經理已經出差了。」

銷售員依然熱情不減，他說：「沒關係，我先把我們公司的產品資料留在這裡，如果採購經理出差回來了，麻煩您幫我轉交給他。」

服務台小姐急忙擺手：「千萬不要放在這裡，我們公司規定服務台不允許擺放公司規定以外的其他物品。」

還有搜集與客戶關係密切的其他人或組織資訊：主要包括客戶的家庭成員構成情況（主要指對個人客戶的銷售，如房地產銷售、汽車銷售及生活用品的銷售等）、公司的運轉情況（主要指對公司客戶的銷售，如辦公用品的銷售等）。

如果是針對個人客戶的銷售，銷售人員就要了解客戶與家人的喜好、生活習慣、結婚與否、子女情況如何、家庭收入水準等。

如果是針對公司客戶的銷售，銷售員需要了解的資訊主要為公司客戶的性質、規模、產品或服務的銷售情況、購買量如何，以及客戶的主要競爭對手和合作夥伴有哪些、客戶過去與哪些供應商合作、客戶對供應商的意見有哪些等等。另外，銷售員還需要弄清客戶公司的誠信度如何、影響力大小等等。

了解以上資訊有助於銷售員更準確分析客戶的需求量，同時還有助於避免無效交易的發生。舉個例子，如果銷售員不弄清客戶的家庭構成和收入水準，就無法準確分析客戶的需求多少；如果銷售員忽視客戶的誠信度，那很可能使公司蒙受一定的損失。

2.在搜集客戶資訊時需要注意的問題

雖然銷售人員可以利用自己的聰明才智採取各種方法搜集客戶資訊，可是在此過程中，銷售人員不能隨心所欲做這一工作。在搜集客戶資訊時，除了遵循相關的法律、法規和社會道德規範，銷售人員還需要注意以下問題：盡量不打擾客戶的正常工作和生活。力求準確，學會辨別虛假資訊。抓住關鍵，剔除無關資訊。注意效率，不要在這方面花費過多時間，以免錯過最佳銷售時機。不隨意透露客戶的重要資訊。

3.整理重要客戶資訊

在搜集相關客戶資訊之後，銷售人員就要根據具體的銷售目標對這些資訊做科學的整理。整理客戶資訊時，銷售人員可以不斷挖掘客戶、分析客戶和篩選客戶，並將企業最優資源匹配到最能為企業帶來利潤的客戶身上。銷售人員對客戶資訊的整理通常要經歷以下三個階段：

（1）目標市場。

根據明確的企業產品定位，確定哪些客戶會對本企業的產品產生需求；再根據搜集到的相關客戶資訊，分析客戶對企業產品的需求量大小。然後根據以上分析結果把客戶做有秩序的分類。

在這一階段的工作結束後，通常，那些需求量更大的客戶，會被列為重要的潛在客戶，銷售人員需要對這些客戶認真對待。

（2）潛在客戶。

潛在客戶就是那些有購買意向的目標市場中的客戶。他們是否對你的產品具有購買意向，這

需要公司的廣告宣傳和市場調查的配合，如果僅靠銷售人員的個人努力，那整體工作效率就較低。所以，銷售人員在這一階段不僅要認真分析自己掌握的客戶相關資訊，還要充分利用公司資源展開分析，最終確定哪些客戶的購買意向較強，哪些客戶根本無意向你購買產品或服務。這將有助於下一步工作時，銷售人員時間和精力的合理分配。

（3）目標客戶。

目標客戶就是那些有明確購買意向、有購買力，而且在短期內有把握達成訂單的潛在客戶。值得注意的是，此時，銷售人員在整理客戶資訊時，必須明確對方是否具有購買力，即客戶是否有能力購買你銷售的產品或服務。其中又分三種情況：第一，有明確購買意向，但是暫時沒有能力購買；第二，有明確購買意向，購買能力不強；第三，有明確購買意向，購買能力強。顯然，符合第三種情況的客戶首先需要銷售人員花費較多的時間和精力；屬於第一種類型的客戶，銷售人員可以暫時放一放，但仍要保持聯繫；屬於第二種類型的客戶，同樣要保持聯繫，而且要積極爭取。

4.利用有效客戶資訊揣摩客戶的購買心理

透過對客戶資訊的搜集和整理，銷售人員可以分析出客戶對產品或服務是否具有購買意向，有時還可以了解客戶的購買能力。雖然銷售員可以按照這些分析結果尋找到目標客戶，但是如果不了解客戶的購買心理，即使找到目標客戶，最終也難以促成交易。

不同的客戶其購買心理是不同的，常見的一些客戶心理如下：

（1）實用主義心理

那些表現理智的客戶在購物時往往更追求「實用」，比如他們更在意產品的效力、使用期限、售後服務等。這通常可以從他們的辦公室或家居布置、正在使用的產品特點等方面反映出來，當然也可以從溝通過程中他們的關注焦點得到體現。

（2）追求品牌的心理

現在有很多客戶在選購商品時都十分關注品牌，這一點在經濟發達地區、年輕客戶群體、收入水準較高的客戶群體中表現得尤為明顯。針對這一心理，現在很多商家都運用多種方式提高企業的品牌影響力，如增強廣告宣傳攻勢、利用名人效應等等。在與這些客戶溝通的時候，銷售人員可以利用各類名人來銷售自己的產品，也可以不斷強化企業產品的品牌影響力，加深客戶對本企業的品牌認知度。

（3）審美心理

有些客戶在衡量產品優劣時，其個人審美意識總是情不自禁占據上風，所以他們更注重產品的視覺效果。敏銳的銷售人員幾乎從這些客戶平時的生活習慣中就可以掌握他們的這一心理。比如，他們平時肯定對自身穿著和使用物品的包裝、款式、造型等相當在意。因此，銷售人員可以從鮮豔的包裝、新穎的款式、個性十足的造型以及具有藝術美的整體風格著手，以此激起客戶積極的視覺體驗，從而做出購買決定。

（4）獵奇心理。

一些客戶尤其對那些新奇事物和現象產生注意和愛好，這些客戶喜歡主動尋求新的產品資訊。如果你的產品具有某些新功能、新款式，可以為客戶提供新享受、新刺激，那就要盡可能將這些新奇特點展示給客戶。如「經久耐用」等銷售專用語，對這些客戶來說往往不會發生任何積極效果。

（5）從眾心理。

有人喜歡追求新奇和與眾不同，而有些客戶則更喜歡受到周圍人的影響。容易產生從眾心理的人多為女性客戶，與這些客戶打交道時，銷售人員最好暗示客戶「這種產品很搶手，您的鄰居認為它的效果特別好……」

5.做好資訊保密工作

雖然銷售人員在搜集客戶資訊時講究「耳聽六路，眼觀八方」，而且搜集資訊的途徑四通八達，搜集資訊的方法也是無所不能，可是如果只注重搜集和整理資訊，卻不注意資訊的保密工作，那常常會令競爭對手們捷足先登。這時，不但你此前大量工作歸為無效，而且還很可能因此失去一大筆重要客戶。

在這個資訊化的時代，企業甚至同事之間的競爭可以說是一種資訊處理技能的競爭。誰掌握的資訊更充分、更準確、更及時，誰就有可能在競爭中居於有利地位。在這種形勢下，企業或者同行、同事之間的競爭常常演化為資訊的競爭，很多企業或個人都在窺視著競爭對手們掌握的資訊。

日趨激烈的競爭形勢表明，不僅抓緊時間搜集和整理資訊是銷售人員贏得客戶的關鍵，對自己掌握資訊的嚴格保密也應該引起銷售人員的注意。

準備好你的銷售道具

在拜訪客戶時利用一些道具，這些道具既可以體現你的身分、氣質和尊重客戶的態度，也可以引起客戶的好奇心，當然也可以為你提供許多便利……不同的道具在溝通過程中起到的作用不盡相同，究竟選擇什麼樣的道具，必須根據客觀需要來決定。

1. 一套令你產生充分自信心的服裝

得體的著裝有助於增強人們的自信，也可以使自己的形象更容易得到他人的認同，而他人的認同和讚賞與人們的自信心又是相輔相成的。

對於銷售員而言，一套令自己產生充分自信心的服裝自然是拜訪客戶的必備道具。這一道具除了可以達到增強自信心和引起客戶好感的作用，其實也是一種身分和品味的象徵，如果穿著不夠得體，將使你代表的公司和產品形象大打折扣。

2. 一個整齊而內容豐富的公事包

公事包是銷售人員又一必不可少的工具，試想一下，如果一位穿著考究、兩手空空的人來到你面前向你銷售產品，你會有什麼樣的感覺？可能你至少得花一段時間搞清楚對方是否是一名真正的銷售員。公事包不僅是銷售人員的必備工具，而且如果運用得當，它還可以成為引起客戶重視的道具。

對於一個具有道具作用的公事包，銷售人員必須要保證它符合兩項條件：第一，公事包必須乾淨整齊；第二，公事包裡的資料必須內容豐富。公事包的整齊除了有利於你在需要某些材料時迅速找到之外，還可以讓客戶感到你辦事細心、可靠、有條理；而一個內容豐富的公事包不僅令你掌握更充分的資訊，同時也能令客戶充分感受到你對他的重視和關注。

公事包除了要保持整齊和內容豐富之外，銷售人員還要注意根據形勢的變化和客戶的特點對公事包裡的東西更新和整理，及時增加新內容，把那些不必隨身攜帶的老材料放到檔案袋中保存。

3.一張能起到良好宣傳作用的名片

不論在與客戶溝通還是其他社交場合，名片已經是現代人相互交往時的必備工具了。對於銷售人員來說，名片就如同銷售人員的代言人一般，遞上名片就等於是在做自我介紹。一張設計巧妙的名片其實就相當於銷售人員的一張自我「看板」。為此，很多銷售員都會在設計自己的名片時下一番工夫。

4.一塊性能良好的手錶

我們之所以要強調手錶的性能必須良好，其目的當然不僅僅是提醒你約見客戶時必須守時，更重要的目的是想告訴銷售人員，在與客戶溝通的過程中，一定要注意溝通時間的把握，要學會最有效的管理時間。

那些頂尖銷售高手們都知道，如果不把時間視為最寶貴的資源來利用，那你就只能坐板凳當替補。優秀的銷售員能夠精確知道自己還有多長時間可以利用，所以他們能夠充分利用每一秒。而那些不重視時間的銷售員則幾乎把一大部分時間浪費了，結果他們還要因此讓客戶感到厭煩。

準備一塊性能良好的手錶，可以幫助那些時間觀念不強的銷售人員樹立起時間管理的意識，也可以讓客戶感覺到你守時、惜時的好習慣。如何充分利用手錶這一道具呢？

薩姆是一家大型裝潢公司的銷售主管，當他還是一名普通銷售員的時候，他就以自己對時間的充分利用留下深刻印象給許多客戶了。

一次，薩姆在拜訪客戶的時候，發現客戶對他們的裝潢公司疑慮重重。儘管他已經對客戶的問題解釋了很多次、很周全，可是客戶仍然沒有下定決心簽單。薩姆看了看手錶，他來到這裡已經接近一個半鐘頭了，當天下午他還要見一位重要的大客戶，於是他決定速戰速決。

只見薩姆又看了一次手錶，然後對客戶說：「我先告辭了，因為我需要準備合約，下午和其他公司商談細節。」

客戶整個人立刻放鬆下來，也許他正在想辦法擺脫薩姆。當他們彼此握手準備告別時，薩姆補充道：「有一件事我忘了說，其實我們公司與任何一家客戶合作都冒著極大的風險，因為如果我們不能達到你們要求的水準，我們公司幾十年來建立的形象可能馬上就會坍塌，而且你們還可以根據合約條款向我們提出相應的賠償。」

薩姆的這段話的確解決了客戶疑慮的核心問題，客戶當即表示希望薩姆能坐下來繼續談。薩姆再次看了一眼手錶，他表示自己只有半個小時的時間了。這點時間除了簽合約之外，顯然不能再討論其他更多的細節了，其實那些細節問題他們已經在前面的一個半鐘頭裡談過了，所以最終

薩姆拿到了這筆高達七百八十萬美元的訂單。

5.一種盡可能便捷的溝通工具

這裡所說的溝通工具既包括手機等通訊工具，也包括汽車等交通工具。擁有這些工具，可以使你在任何時候與客戶保持聯繫，而且還可以保證你對客戶的邀請隨傳隨到。如果沒有便捷的交通工具，就很容易發生約見客戶不方便、與客戶見面時遲到等問題。這些工具在每一次客戶溝通中的作用都很明顯，這也正是許多公司在招聘銷售人員時，要求必須擁有手機、汽車，或者擁有汽車駕駛執照的重要原因。

6.一份包裝精美而大方的資料說明

很多時候，當你走進客戶辦公室的時候，客戶都在忙著開會或者處理其他公務，此時客戶通常會告訴你「把資料放到桌子上就可以了，等我有時間再看」。可是你很快就會看到，桌子上已經擺了一疊各個同行公司的資料，如果你手中的資料不能吸引客戶的眼球，那它們一定會馬上被扔進廢紙簍。

此時，你當然最需要一份包裝精美而且大方的資料說明，這份資料說明即使被壓在最底層也能引起客戶的關注。所以，如何設計資料說明，應該是一名銷售人員認真注意的事情。

7.其他靈活有效的銷售道具

除了上面提到的幾種必需的基本道具之外，銷售人員還要根據具體情況選擇其他靈活有效的銷售道具，在選擇銷售道具時，銷售人員應該注意以下幾點：

（1）不要為了追求新奇而引起客戶不滿。

一次，一位賣磨刀石的小販敲響了一位家庭主婦的家門，不過當家庭主婦打開門時卻嚇得大叫起來，原來小販手中拿著一把明晃晃的尖刀。小販本想透過手中的刀來說明其磨刀石的好處，可是卻因此而令客戶受到了驚嚇，最終生意自然沒有做成。新奇的道具雖然可以引起客戶的注意，但是卻不能因此而做出「驚世駭俗」之舉，這樣只能適得其反。

（2）道具的選擇要圍繞銷售主題展開。

就像有的銷售人員會在溝通過程中談一些風馬牛不相及的事情一樣，有些銷售人員對道具的選擇也會偏離銷售的主題。如果道具不能為銷售的最終目標服務，只是故弄玄虛，這樣就沒有任何意義了。

在拜訪客戶時準備適當的道具，這是一種吸引客戶關注的有效方式。但任何道具的選擇都不能偏離銷售的主題。選擇道具時一方面要考慮到其新奇性，另一方面也要讓客戶能夠接受。

科學劃分你的客戶群

科學劃分客戶群可以幫銷售售人員迅速過濾掉許多無效的客戶資訊，分析出哪些客戶更值得自己花費時間和精力，而在另外一些客戶身上則不必投入大量的精力。這樣做要比把全部精力平均分配到所有客戶身上有效得多，而且還可以使自己騰出更多的時間開發新的大客戶。

把精力和時間用在刀刃上，這的確是提高工作效能的根本途徑，可關鍵是，銷售人員如何才

能知道哪些客戶值得自己集中精力溝通，哪些客戶可以暫時減少關注呢？這就需要銷售人員綜合各種資訊、透過各種有效途徑來分析客戶了。

1.結合企業統計資料分析

究竟哪些客戶才算是大客戶？如何才能以最小的成本創造最高的業績呢？銷售人員不妨結合企業的客戶統計資料了解哪些是能與自己有更多交易的大客戶，哪些客戶則不需要自己花費太多的時間和精力。

按照客戶管理專家提出的「金字塔」模式，企業可以透過客戶與自己發生聯繫的情況，將客戶分成以下幾種類型：

超級客戶——將現有客戶（可能定義為一年內與你有過交易的客戶）按照提供給你的收入多少來排名，最靠前的百分之一就是超級客戶。

大客戶——在現有客戶的排名中接下來的百分之四就是大客戶。

中客戶——在現有客戶的排名中再接下來的百分之十五即是中客戶。

小客戶——在現有客戶的排名中剩下的百分之八十就是小客戶。

非積極客戶——是指那些雖然一年內還沒有提供收入給你，但是他們在過去從你這裡購買過產品或服務，他們可能是你未來的客戶。

潛在客戶——是指那些雖然還沒有購買你的產品或服務，但是已經和你有過初步接觸的客戶，比如說向你徵詢並索要產品資料的客戶。

疑慮者——是指那些你雖然有能力為他們提供產品或服務，但是他們還沒有與你產生聯繫的個人或公司。

其他——是指那些對你的產品或服務永遠沒有需求或願望的個人或公司。

大多數企業都會設立專門的客戶管理系統，透過管理系統中的相關資料，銷售人員完全可以按照自己的需要分析客戶。

2. 自己平時積累的客戶資訊。

在我們採訪諸多銷售人員的過程中發現，無論哪個行業，那些在自己領域內做出巨大成績的銷售高手們幾乎都十分注重平時的客戶資訊累積，他們很清楚哪些客戶能在什麼時候為自己帶來更大的效益。同時我們還發現，那些銷售業績一直不好的銷售人員幾乎都沒有保存客戶資訊的好習慣，如果他們哪一天做成了一筆大生意，那幾乎都是不小心碰上的。

雖然銷售人員個人對客戶資訊的搜集和整理十分有限，但是有總勝於無，條理清晰、客觀充分掌握客戶的相關資料總要比對客戶一無所知更有成功的保障。在對待客戶資訊方面，我們對銷售人員提出如下建議：

記錄自己打出去的每一個電話，以避免不必要的重複工作。盡量在打完電話後明確以下幾點：客戶的需求、態度以及是否有拜訪機會。明確客戶的位址，盡可能將同一地區的客戶拜訪活動安排在一起，以節省時間和精力。對於每一個拜訪過的客戶，都要製作一張「客戶概況表」，表格中要盡可能包含客戶最充分的資訊。最先拜訪那些需求量最大的客戶和成交意向明顯的客戶。每天在該做的事情做完後，一定要梳理相關的客戶情況：寫封感謝信給已經成交的客戶、預約明天的關鍵客戶、詢問有興趣的客戶是否需要產品資料。

3.把精力集中在排名更前的客戶

無論透過哪種途徑分析客戶，那些一直以來和自己交易的客戶，以及那些有著重大需求、已經表示出一定興趣的客戶，最終都會在銷售人員心中留下很深的印象。此時，銷售人員自然應該更關注這些客戶目前的需求動態，而不應該面面俱到把精力分散到那些可能無法為自己創造效益的客戶溝通上。

4.注意潛在大客戶的培育

雖然有些客戶在一段時期之內沒有與自己產生重大交易，但是他們卻有著很強烈的產品或服務需求。這些客戶其實就是潛在的大客戶，他們特別值得銷售人員注意。如果銷售人員僅僅注意客戶排名而不顧客戶最近的需求，那就很容易錯過一些創造巨大銷售業績的好機會。

雖然這些客戶有著強烈的需求，而你又有能力滿足他們的這些需求，但是由於之前沒有過（或者在某一較長的時間段之內沒有）彼此感到滿意的交易，所以需要銷售人員付出相應的努力去贏得這些客戶的青睞，與之建立良好的溝通關係。這種溝通關係的建立過程其實也是一個培育大客戶的過程，在這個過程中，銷售人員應從以下幾方面做起：

（1）著眼於長期合作關係的建立。

培育潛在大客戶需要銷售人員付出足夠的耐心和努力，千萬不可因為一朝一夕的績效不佳就輕易放棄。有時為了建立長期的合作關係，銷售人員不妨在公司允許的範圍內為客戶提供更周到的服務和更誘人的優惠措施。

通。

（2）透過多種途徑留給客戶深刻印象。

有時候，潛在客戶沒有考慮到你們公司的產品，多數是由於你們沒有經常與之保持良好的溝通。如果你想促成這筆交易，最好利用各種關係，如商務活動、私人關係等與具有決策權的客戶溝通，並且讓客戶明白，你可以更好滿足他們的某些需求。這樣，當他們決定購買此類產品或服務時，自然會首先考慮到你。

（3）充分利用現有客戶的推薦。

如果你與潛在大客戶的合作夥伴或者競爭對手保持友好的合作關係，那麼這些現有客戶對你的評價就是說服潛在大客戶的最好武器，而且這還是一個省時省力達成交易的重要捷徑。

第二章　創造和諧的銷售環境——溝通是種平衡的智慧

銷售員與客戶的關係，有時候像一把鎖，只要找對鑰匙，一切難題都會迎刃而解。如何找到與客戶溝通的鑰匙。從見面開始的「一見如故」到共同的「興趣愛好」；從擺脫相持局面的方法技巧到巧用「銷售心理學」來解決問題，只要你找到溝通的鑰匙，便能快速找到溝通突破口，而你與客戶之間的障礙將不再存在。

掌握聊天的藝術

在銷售過程中，銷售人員與客戶的「聊天」與其說是與客戶之間溝通的一項技巧，不如說是一門藝術。如果在拜訪客戶的過程中安排「聊天」的部分，可能會使賓主兩相歡，並減少雙方的心理障礙。

李平是某公司銷售部的經理，一次他帶著一位業務代表去拜訪一家大公司的採購主任方先生。雙方見面後，業務代表與採購主任方先生之間的交易似乎並不順利，談話也不是很暢快。經驗豐富的李平經理立刻判斷出溝通不和諧的原因在於缺少聊天的「潤滑劑」。李平突然想起在來的路上，業務代表曾經對他說方先生有一對雙胞胎女兒，今年剛剛上小學，方先生特別疼愛她們。於是，李平就趁機與他聊起了女兒。

「聽說方先生有兩個非常可愛的女兒，是嗎？」

「是的。」方先生臉上頓時流露出一絲微笑。

「聽說還是雙胞胎？今年幾歲了？」

「七歲了，已經上學了。我下班還要去接她們呢。」

「聽說她們的舞蹈跳得特別棒。」

「是呀，前幾天還代表學校參加全市的演出了呢。」

提起了女兒，方先生的話就多了，聊了一下女兒，方先生主動把話題引到了這次見面的目的上。「其實，你們公司的產品……」

作為一名經驗豐富的銷售經理，顯然李平能主動調節與客戶之間的談判氣氛，能透過聊天的方式，消除與客戶之間的心理障礙。如果在一開始，業務代表與方先生交談得不順利的情況下，業務代表或者李平依然堅持談業務本身，那麼，過不了幾分鐘，方先生肯定就會下「逐客令」。但是，李平抓住時機，巧妙引人方先生感興趣的話題與其聊天，這樣便很容易打破談話的僵局。那麼，如何與客戶聊天呢？聊天是有順序的。下面列舉的話題中，越前面越好聊，越後面越要避免。這個順序是：天氣、興趣、新聞、出差或國外旅行的見聞、升遷、家庭、異性、工作。

1.天氣

天氣是最好的聊天話題，人們也常把天氣當作初次見面時的聊天話題。因為天氣既不涉及雙方的利益，又是大家都感興趣的事情。「昨夜的風雨好大呀！貴公司有沒有受到什麼損失？」除了把天氣當話題之外，還可以當作關心對方的題材，但是，切記不要在與天氣有密切關係的行業內多談天氣。如果您對一位雨傘店的老闆說：「最近一點雨都沒下，天氣簡直太好了！」對方會是什麼感受呢？

2.興趣

興趣也是與客戶聊天時的最好話題，但客戶千變萬化，所以要應付千變萬化的客戶，就必須準備多方面的知識。與客戶聊起其興趣時，必須與客戶同一步調，也就是說不要批評客戶的嗜好。例如客戶喜歡釣魚，不能說：「哎呀！我覺得釣魚不好！純屬浪費時間！」而應該說：「釣魚不錯，很有成就感。」

3.新聞

最近的新聞也是你與客戶聊天很好的話題。新聞可以引起客戶的好奇，例如：「昨天報紙上的頭條新聞……」作為一名銷售人員，一定要看報，因為報紙上有許多豐富的話題。

4.出差或國外旅行的見聞

現代的上班族出差或旅遊機會很多，你一定會發現許多值得向身邊的人講述的見聞，這些見聞也一樣可以拿來與客戶聊天。

5.升遷

你的客戶當選為公司的部門經理，你該向他道賀，他的女兒金榜題名，應該率先前往道賀，而且在銷售溝通的時候，時不時要把這些事情提出來，讓他高興。

6.家庭

有些客戶非常喜歡自己孩子，比如我們在開篇案例中提到的方先生，這樣的家庭資訊，銷售人員也要注意收集，作為雙方聊天的內容。但需要注意的是，「家醜不可外揚」，客戶的家醜更不能外揚。千萬不要對客戶說：「我剛剛聽說貴公子在外面又打架了？」

7.異性

飲食男女，這是最能夠吸引人的話題。喜歡聽這種話題的人很多，喜歡以這種話題聊天的人更多。但必須注意不要太離譜。

8.工作

相對而言，工作這個話題不太好談。銷售人員盡量不要問客戶工作的一些詳細內容，他不一

定會告訴你。尤其是有關他的生意中賺與賠的事情，更不會將真實的情況告訴你。另外，有些問題是銷售人員與客戶最好不要聊的。例如，政治及宗教方面的問題，可能大家的立場不同，還是少提為妙。客戶想躲避的話題也不要追問下去，想躲就放他一馬，不必再追問下去。

在了解與客戶聊天時可以聊的話題，那麼銷售人員如何了解客戶的興趣與嗜好，從而選擇聊天的內容呢？通常有下列三種方式。

1.事先探知的方式

透過周圍的人，試探了解客戶的嗜好或興趣。例如，某業務代表想找出某公司採購主任的興趣，於是他便先與其辦公室的兩位女孩聊天，透過聊天得知這位主任喜歡爬山。

2.機關槍方式

在打仗時，用機關槍掃射，會打出去許多子彈，在這些子彈之中，總有幾顆會打到敵人。所謂機關槍方式，就是在與客戶聊天時多談一些話題，總會找出他最願意談的。當然先決條件是要先多培養一些自己的嗜好，這樣才能夠與客戶「談得來」。

3.猜測的方式

您可以由客戶晒紅的皮膚顏色，猜出他可能最近去打高爾夫球或去釣魚。也可以由客戶放在辦公桌上的照片找出話題。例如，你看到有一位三四歲的小男孩站在草地上的照片，你可以對客戶說：「這是您的小孫子?好可愛啊。」也許客戶就此喜上眉梢，侃侃而談他小孫子的事情。

最後，在聊天時，銷售員不要忘了讓客戶多講話，而且要以輕鬆、明朗的口吻聊天，不要隨便打岔，讓他覺得跟你聊天時彼此非常投機，這樣才會讓客戶感覺到你很尊重他，他也會同樣尊重你。

打開客戶的話匣子

在某種程度上說，銷售就是一個溝通的過程，銷售人員不僅要向客戶傳遞相關資訊，也要從客戶那裡了解他們的想法和需求。對於客戶來講，他們不僅需要在銷售人員的介紹中獲得產品或服務的相關資訊，也需要透過一定的陳述來表達自己的需求和意見，甚至有時候他們還需要向銷售人員傾訴自己遇到的難題等。

銷售員小項去一家工廠拜訪客戶。

小項：「李廠長，我來之前了解了一下你們的工廠，發現你們自己維修花的錢比雇用我們維修花的還要多呢，是這樣嗎？」

李廠長：「對，是這樣，我也認為這樣不太划算。我承認你們的服務不錯，不過在技術方面……」

小項：「不好意思，請允許我插一句，有一點我想說明一下，其實，任何人都不是天才，修理機器需要特殊的設備和材料，比如……」

李廠長：「是的，不過，你好像誤解了我的意思，我想說的是……」

小項：「其實我明白您的意思。就算您的部下聰明絕頂，也不能在沒有專業設備的條件下做出有水準的成果來……」

李廠長：「我覺得你還沒有明白我的意思，現在我們負責維修機器的員工是……」

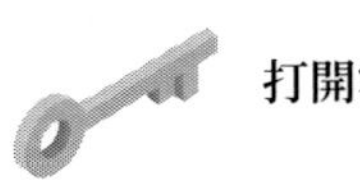

小項：「是這樣的，李廠長，稍等一下，我只說一句話，如果您認為……」

李廠長：「對不起，我們今天就談到這裡吧，我還有其他事情……」

顯然，這次談話是失敗的，而且可以肯定的是，小項如果想在以後的溝通中與此客戶成交也是一件非常難的事情。銷售員幾次三番打斷客戶的述說是銷售溝通中的一大禁忌。如果採取這種溝通方式，成交根本沒有希望。所以，在銷售的溝通過程中，客戶並不只是被動接受勸說和聆聽介紹，他們也要表達自己的意見和要求，也需要得到溝通的另一方－銷售人員的認真傾聽。因此，讓客戶多說，而自己多聽，是銷售溝通中每個業務人員必須學會的技能。

溝通必須建立在客戶願意表達和傾訴的基礎之上，如果客戶不開口說話，那麼自然也無從傾聽。因此，銷售員必須學會引導和鼓勵客戶談話，讓客戶願意多說。引導和鼓勵客戶說話的方式有很多，經常用到的有如下幾種。

1.巧妙向客戶提問

在很多時候客戶不願意主動透露自己的想法和相關資訊，如果僅靠銷售員一人表演，那麼這種缺少互動的溝通就顯得相當尷尬，而最終也必然無效。所以，為了使整個溝通實現良好的互動，並利於銷售目標的順利實現，銷售員可以透過適當的提問來引導客戶敞開心扉。在很多時候，客戶也會根據銷售人員的問題提出自己的想法。如此一來，銷售員就可以針對客戶說出的問題尋求解決問題的途徑。

通常來講，銷售員可以用「什麼……」「為什麼……」「怎麼樣……」「如何……」等疑問句來發問，這種開放式提問的方式可以使客戶更暢快表達內心的需求。

2.向客戶核實一些資訊

在與客戶溝通的過程中，客戶會傳遞出各種資訊，有些資訊是無用的，而有些則對整個溝通過程有至關重要的作用。對於重要資訊，銷售員在傾聽的過程中應向客戶準確核實。這樣做有兩個好處，一是可以避免誤解客戶的意見，從而及時找到解決問題的最佳辦法；二是可以使客戶得到鼓勵，他們會因為找到了熱心的聽眾而增加談話的興趣。當然，向客戶核實資訊需要在適當的時機、利用一定的技巧核實，否則難以達到鼓勵客戶談話的目的。

3.對客戶說的話及時回應

不管是什麼樣的溝通，如果只有一人在說而另一人毫無回應，談話也會進行不下去，與客戶溝通尤其如此。如果客戶在傾訴過程中得不到銷售人員應有的回應，肯定會覺得這種談話非常無味。如果能對客戶說的話及時回應，可以使客戶感到被支援和認可，當客戶講到要點或停頓的間隙，銷售人員予以點頭，適當回應，可以激發客戶繼續說下去的興趣。

4.配合其他溝通手段

用以溝通的方式除了語言外還有許多，如體貼的微笑、熱情的眼神、適當的表情、得體的動作等，都可以使客戶受到鼓勵，從而產生說話的欲望。

選擇恰當的溝通時間和地點

你和客戶之間談話的互動程度有多大？對你而言，給予資訊和獲得資訊的比率是多少？這與你選擇的談話時機和周圍環境是有一定聯繫的。

1.找準溝通的最佳時機

很多時候，銷售人員之所以還沒等切入正題就被客戶拒之門外，並不是因為銷售人員的熱情不高、溝通技巧不過關，而是因為沒有選擇恰當的溝通時間。如果在不適當的時間與客戶交流，客戶很可能會認為自己的事情受到了打擾。比如，當客戶正忙得不可開交時，或者客戶情緒低落的時候，銷售人員貿然上門，通常都不會達到預期的溝通效果。例如：

銷售人員：「您好，能否打擾您一下，我代表公司做一次市場調查，只要占用您一點點時間就夠了，您不介意吧？」

客戶：「當然介意！你沒看見我正忙嗎？真是的，剛才經理還打電話來催，怪我沒有盡快辦好這件事，我沒有時間，請你改日再來吧。」

選擇一個客戶比較有利的時機展開溝通，其成功的可能性要遠遠大於不適宜的溝通時間。如何選擇恰當的溝通時間呢？銷售人員必須在約見客戶之前就明確客戶的具體時間安排，然後從中尋找出最適合自己展開銷售談判的有利時機。

（1）了解客戶的時間安排。

每位客戶在時間上都有各自的安排，銷售人員不要奢望自己在任何時間打電話或者登門拜訪客戶都有時間並且願意接待。如果不提前了解客戶的時間安排，那麼很容易導致自己的時間和精力大量浪費，可是卻得不到客戶青睞的結局。例如：

「對不起我們經理前天就出國了，可能要一個星期之後才能回來……」

「我現在哪有心情談這些，請你馬上離開……」

「現在正是我們工作最忙的時候，請你不要打擾我好嗎……」

事先了解客戶大致的時間安排，可以有效避免以上情況的發生。比如，如果掌握足夠的資訊，銷售人員就不會選擇客戶不在的時間上門；如果清楚客戶的工作規律，就可以避免打擾客戶緊張忙碌的工作，等等。

每位客戶的時間安排各不相同，按照不同的工作性質劃分，大多數客戶的時間安排大致如下：

教師：週末、寒暑假或者每天下午放學以後，他們比較輕鬆。

公務員：可以選擇上下午的上班時間與他們溝通，不過最好要錯過午飯或者臨近下班的時間。

餐飲業人員：用餐前後是他們最忙碌的時間，最好在上午十點左右，或者下午三四點之間與他們聯繫。

醫務工作者：週末或假日他們常常比較忙，每天上午十點前可能相對輕鬆些。

財務工作人員：月初和月尾都非常忙碌，最好是月中與之聯繫。

銀行工作人員：週末、假日、月初、月尾及大多數企業的薪水發放時間都比較忙，通常上午十點前或下午四點後相對輕鬆。

雖然上述有關客戶的時間安排有一定的規律可循，但是仍會有很多規律之外的事情發生，比如一些突發事件的出現等。為了更全面了解潛在客戶的時間安排，銷售人員最好在與客戶交流之前再仔細調查一番，比如了解客戶最近是否有外出計畫、是否生病、是否有其他活動安排等。

對客戶的具體時間安排了解得越清楚，銷售人員就越容易尋找出合適的時機，最大程度避免無功而返或引起客戶厭煩。

（2）選擇合適的見面時間。

當銷售人員對客戶的時間安排有了一定了解之後，就可以根據這些資訊選擇一個合適的見面時間了。在選擇見面時間時，銷售人員需要結合客戶的需求特點和情緒加以實施。一些比較愉快或者對客戶來說具有非同尋常意義的時間，很可能是最有利於展開互動溝通的時間，比如：客戶剛剛領到薪水、結婚紀念日、節日假日、剛剛開業、客戶獲獎或得到晉升的時候，等等。

在約見客戶時，銷售人員還有一些問題需要特別注意，例如：如果認為有請客戶吃飯的必要，那最好選擇午飯或晚餐前的一個小時之內；如果沒有必要請客戶吃飯，最好錯過這段時間。最好選擇非整點時間約見客戶，這可以使客戶產生時間沒被大量耽誤的感覺。不要打擾客戶與親人之間的相處，因此，晚飯之後最好不要打擾他們。

不妨在不宜出行的天氣登門拜訪客戶，比如雨天。這樣的話，一方面可以減少客戶的無聊感，一方面可以使客戶深受感動。但要特別注意，進門時不要把客戶家的地板弄髒。

在某些節日前約見客戶時，可以帶上一些小禮物，比如兒童節之前送客戶孩子一個小玩具，新年即將來臨之際送客戶賀卡或其他禮物。必須具有足夠的耐心，要尋找最容易與客戶互動溝通的時間，而不是自己認為最方便的時間。

2.利用有利環境促進溝通

(1)選擇適宜的溝通地點。

不恰當的溝通地點可能會使客戶感到不舒服、不方便或者受束縛。根據不同的客戶特點和溝通內容，銷售人員應該學會選擇最令客戶感到放鬆和愉悅的地點，並且要盡可能避免商業氛圍較濃的談判場合，除非是那些需要透過商務談判來保持聯繫的大客戶。

在選擇溝通地點時，銷售人員必須本著「方便顧客、利於銷售」的原則，令客戶感到方便和愉快，不要為了自己的方便而讓客戶感到麻煩。比如選擇客戶的家中、辦公室或者就近的餐廳、茶樓等，千萬不要選擇客戶不便到達的地點。例如：「我在我們公司旁邊的××咖啡屋等您，您可以在下午六點之前到達……」

如果特別需要在客戶不便到達的地點，銷售人員則要盡可能去接客戶，並且約好見面地點。例如：「上次您說想要到我們工廠參觀一下，今天廠裡的幾位主要負責人正好都在，我下午去接您好嗎？我們在您公司樓下見面如何？」

根據不同的產品特點和溝通內容，在選擇溝通地點時，銷售人員還應該注意以下幾點：

最好能提前打電話和客戶約定，以免客戶不在。銷售生活用品時最好到客戶的家中或者其他生活氣息較濃的地方，盡量不要到客戶的工作地點銷售。可以到客戶的工作地點銷售與工作有關的產品，但時間不要拖得太長，以免打擾客戶的正常工作。想要單獨送禮物或請客戶吃飯時，最好不要選擇人多的場合，以免客戶感到尷尬。可以在商務聯誼會或其他社交場合加深與客戶之間的聯繫，在這些地點客戶的戒備心理往往沒有在那些正式的辦公地點強。

（2）利用環境特點達到互動。

不同的地點其環境特點和整體氛圍是不同的，比如，家庭的氣氛通常比較溫馨，休閒娛樂場所的整體環境特點比較令人放鬆，而工作地點則更容易使人感到緊張和疲憊等。利用不同地點的環境特色，銷售人員可以與客戶實現互動溝通。例如：

某高爾夫球場的銷售代表王先生近日報名參加了一個網球培訓班，在一次網球訓練結束之後，王先生和身邊的一位隊友聊天。聊天過程中王先生得知這位隊友是一位體育運動愛好者，不僅經常參加足球、籃球等球類比賽，而且還多次獲獎。更讓王先生佩服的是，這位隊友還參加過「騎單車入西藏」等活動。隊友表示，自己酷愛各項體育運動，希望能夠學習更多的體育技能。

當隊友得知王先生的工作之後，他說自己很可能會參加高爾夫球訓練。王先生迅速抓住這一機會，並約好下個週末就帶隊友到公司的高爾夫球場去參觀。同樣喜歡體育運動的王先生和隊友不僅成了好朋友，而且還在隊友的介紹下發展了一大批客戶。

無論是選擇溝通時間還是約見地點，都要以客戶為主，不要依自己的喜好隨意定奪。利用不同地點的特殊情境實現與客戶的互動溝通，這是銷售成功的絕佳途徑。

培養共同的興趣愛好

人們更願意與容易相處的人做生意，尤其是與客戶初次見面，找到恰當的切入點，能夠很快消除彼此的緊張感和陌生感。

人與人之間都會存在某些共同點，例如相同的愛好，例如共同的生活環境、共同的工作性質、共同的興趣愛好、共同的生活習慣等，甚至某些生理特徵，你需要發揮想像力，積極找到與客戶之間的相似點，讓客戶對你產生親切感，就容易拉近彼此的距離。

許多銷售人員邀請他們的客戶一起去看場球賽或參加一些別的活動，藉此來增進彼此私人間的感情。記住，在那種場合，要避免談生意，把握這個機會增進彼此的了解更重要，如果可以的話，將客戶的配偶也一同邀請，這會使邀請顯得更有分量。但你與客戶關係密切，並不意味著你就立刻能拿到他的生意訂單。不過，如果有一天，你的客戶必須在幾個實力相當的競爭對手中選一個做供應商的話，他將很可能選擇他最喜歡的那個銷售人員來談這筆生意。

某公司的汽車銷售人員小馬在一次大型汽車展示會上結識了一位潛在客戶。透過對潛在客戶言行舉止的觀察，小馬分析這位客戶對越野型汽車十分感興趣，而且其品味極高。雖然小馬將本公司的產品手冊交到了客戶手中，可是這位潛在客戶一直沒給小馬任何回覆，小馬曾經有兩次試著打電話聯繫，客戶都說自己工作很忙，週末則要和朋友一起到郊外的射擊場射擊。

後來又經過多方打聽，小馬得知這位客戶酷愛射擊。於是，小馬上網查找了大量有關射擊的資料，一個星期之後，小馬不僅對周邊地區所有著名的射擊場了解得十分深入，而且還掌握了一些射擊的基本功。再一次打電話時，小馬對銷售汽車的事情隻字不提，只是告訴客戶自己「無意中發現了一家設施特別齊全、環境十分優美的射擊場」。下一個週末，小馬順利在那家射擊場見到了客戶。小馬對射擊知識的了解讓那位客戶迅速對其刮目相看，他大嘆自己「找到了知音」。在返回市裡的路上，客戶主動表示自己喜歡駕駛裝飾豪華的越野型汽車。

小馬告訴客戶：「我們公司正好剛剛上市一款新型豪華型越野汽車，這是目前市場上最有個

性和最能體現品味的汽車……」一場有著良好開端的銷售溝通就這樣形成了，最後，小馬順利拿到了這份汽車訂單。

小馬銷售的成功在於他積極尋找並找到了與客戶的興趣點，然後努力培養自己的射擊知識，形成與客戶共同的「興趣愛好」，才能順利取得客戶的信任和好感。當然，銷售人員本人對此要有興趣，還要有研究，否則，即使發現了共同點，你對此卻一知半解，那麼不但對你們的談話無濟於事，反而會讓客戶覺得你不懂裝懂，不值得信賴。

只有那些能引起客戶興趣的話題才可能使整個銷售溝通充滿生機。客戶一般情況下是不會馬上就對你的產品或企業產生興趣的，這需要銷售人員在最短時間之內找到客戶感興趣的話題，然後再伺機引出自己的銷售目的。比如，銷售人員可以先從客戶的工作、孩子和家庭以及重大時事新聞等談起，以此活躍溝通氣氛、增加客戶對你的好感。通常情況下，銷售人員可以透過以下話題引起客戶的興趣：

提起客戶的主要愛好，如體育運動、娛樂休閒方式等；談論客戶的工作，如客戶在工作上曾經取得的成就或將來的美好前途等；談論時事新聞，如每天早上迅速流覽一遍報紙，等與客戶溝通時首先把剛剛透過報紙了解到的重大新聞拿來與客戶談論；詢問客戶的孩子或父母的資訊，如孩子幾歲了、上學的情況、父母的身體是否健康等；談論時下大眾比較關心的焦點問題，如房地產是否漲價、如何節約能源等；和客戶一起懷舊，比如提起客戶的故鄉或者最令其回味的往事等；談論客戶的身體，如提醒客戶注意自己和家人身體的保養等。

對於客戶十分感興趣的話題，銷售人員可以透過巧妙詢問和認真觀察與分析來了解，然後引入共同話題。因此，在與客戶談話之前，銷售人員有必要花費一定的時間和精力研究客戶的特殊喜好和品味，這樣在溝通過程中才能有的放矢。

在尋找客戶感興趣的話題時，銷售人員要特別注意一點：要想使客戶對某種話題感興趣，你最好對這種話題同樣感興趣。因為整個溝通過程必須是互動的，否則就無法實現具體的銷售目標。如果只有客戶一方對某種話題感興趣，而你卻表現得興味索然，或者內心排斥卻故意表現出喜歡的樣子，那客戶的談話熱情和積極性馬上就會被冷卻，這是很難達到良好溝通效果的。

所以，銷售人員應該在平時多培養一些興趣，多積累一些各方面的知識，至少應該培養一些比較符合大眾口味的興趣，比如體育運動和一些積極的娛樂方式等。這樣，等到與客戶溝通時就不至於捉襟見肘，也不至於使客戶感到與你的溝通寡淡無味了。

共同的興趣愛好最能拉近與客戶之間的心理距離，為了實現這一目標，銷售人員需要做好充分準備：

1 提前研究客戶的喜好，首先從他們感興趣的話題出發，然後有意識引到推銷的主題上來。
2 尋找能使客戶或雙方感興趣的話題，願意花時間在一起談下去。
3 注意有展開探討的餘地，便於談論，並且在適當的時候能夠轉到銷售話題上來。
4 共同點應比較自然，不能牽強。
5 共同點必須有內容，不能蜻蜓點水。
6 在距離拉近後，能夠及時回到業務主題上，能夠趁熱打鐵達成共識。
7 平時注意培養自己多方面的愛好和興趣，也可以根據客戶喜好臨時學習某些知識，不要打無準備之仗。

8 使自己對客戶的需求或客戶關注的問題產生濃厚興趣，在整個溝通過程中要表現得積極熱情，以感染客戶情緒。

創造暢通無阻的溝通氛圍

在經歷過無數次銷售失敗的經歷後，銷售人員總結出這樣一個經驗：僅僅憑藉一腔熱情去冒冒失失拜訪客戶，一般都不會獲得理想的銷售效果。幾乎從一開始，這樣的銷售就註定要以失敗收場，因為大多數客戶都會對這樣冒昧的銷售產生嚴重的抗拒和排斥情緒。這些負面情緒無疑會在銷售人員與客戶之間豎立一道厚厚的隔閡，整個溝通氛圍將因此而充滿阻礙。

如何消除隔閡、減少阻礙？這是銷售人員一直都在苦心思索的一個難題。解決這個難題，當然要從暢通無阻的溝通入手。保證暢通的溝通管道需要銷售人員從多種途徑出擊，以爭取在最短的時間內贏得客戶好感、化解客戶的排斥心理。通常，開發溝通管道可以利用以下幾種途徑：

1.事先織就的關係網

現在很多企業都會利用中高層管理者的關係網來拓展客戶，與目標客戶直接交流，這樣建立的客戶關係往往比較持久和牢固。有了關係網的鋪墊，這些目標客戶會比較配合銷售人員的活動，只要銷售人員不出現重大漏洞，這樣的推銷一般都會在愉快暢通的氛圍中繼續下去。

可是，銷售人員必須知道，依靠公司或他人的關係網拓展客戶，畢竟不是長遠之計。要想真正提升自己的溝通技能、實現持久的客戶聯繫就必須建立自己的關係網。這在最初雖然存在很多困難，但是這種關係網一經建成並能夠得以長期維護，那你今後的客戶資源就會源源不斷。建立關係網的方式有很多，比如透過親戚朋友結識一些潛在客戶，或者積極參加一些與本職工作相關的商務活動等。

2.客戶認可的介紹信或推薦電話。

如果你手中有一封客戶認可的介紹信，或者在你約見客戶之前找一位有影響力的人物幫你打一個推薦電話，那你會在最短時間內得到客戶的認可。當然了，利用這一途徑時，你最好首先弄清楚推薦者與客戶之間的關係。

3.報紙、雜誌等媒介。

那些銷售高手們經常在媒體刊登的資料中尋找相關資訊，這些資訊常常會說明他們在第一時間內把握客戶的需求，從而保證溝通管道的暢通。比如報紙上刊登的公司成立與遷移資訊、訃聞或企業名人錄等。

4.銷售管道。

很多旅遊公司會和比較大的旅館和飯店展開合作，旅館、飯店為旅遊公司提供客戶資源，旅遊公司會為他們支付一定的費用。旅館和飯店就是旅遊公司開拓的一種銷售管道，銷售人員也可以利用不同的銷售管道獲得客戶資源。

比如，汽車公司的銷售人員經常找一些計程車司機、汽車維修公司的維修人員、高級飯店的經理、高級俱樂部的服務人員合作。他們會在工作的同時留意有購車意願的客戶，一有消息立刻通知銷售人員，事成之後，再支付一定的費用。他們提供的資訊一般比較準確可靠，面對需求極待滿足的客戶，彼此溝通起來自然會順暢許多。

除了以上幾種途徑之外，銷售人員還可以利用老客戶的介紹以及公司新組織的產品派送活動等與潛在客戶展開推銷。

創造良好溝通氛圍的關鍵在於客戶的態度，要想使客戶願意與你保持友好溝通，銷售人員就必須做到使客戶滿意。這需要銷售人員首先認清自己所處的地位。有些銷售人員把自己視為推銷中的導演加主角，客戶只處於附屬地位，客戶想要說什麼、想做什麼幾乎都要受他們的擺布，之後還將這種擺布美其名曰為「引導」。客戶其實十分討厭這種分工，他們不喜歡像洋娃娃一樣被隨意擺布，他們也不願意強迫自己適應銷售人員的各種銷售活動。銷售人員應該認識到，在這場銷售過程中，客戶才是真正的主角，只有他們願意，這場推銷才可能繼續下去；只有他們的需求能夠得到滿足，最終才可能實現交易的成功；只有他們對產品放心，才可能與你建立持久的聯繫。

所以，銷售人員應該根據不同客戶特點適應客戶，而不應該讓客戶遷就你；應該隨時關注客戶的需求和態度，並盡可能使他們感到滿意，而不是完全按照你自己的意願告訴客戶下一步該幹什麼、不該幹什麼。銷售人員既要仔細觀察，又要不斷換位思考：如果自己站在客戶的立場上，會關注哪些事情、喜歡用什麼樣的方式與人交流、希望得到怎樣的尊重與關愛，等等。

一位銷售代表初訪一位潛在客戶，他找到那家公司的負責人之後開始介紹自己：「對不起！打擾您一下，我是某公司的銷售代表，今天專程來拜訪您。這是我的名片……」說著把名片遞到了那位負責人手裡。

「哦。」負責人不置可否答應了一聲。

然後銷售代表又說：「我們公司新推出一種產品，今天特地來為您介紹……」

「啊！又是推銷的……」

上面這種情景相信很多從事過銷售工作的人都不會感到陌生。它不會給銷售人員帶來任何美好的回味，相反，大多數銷售人員從中感受到的都是鬱悶和煩惱，因為無數次銷售失敗的經歷都是由此開始的。

「銷售味道」濃厚的開場白首先會使客戶心裡產生排斥甚至厭惡情緒。這是因為大多數客戶都對商業性質過於濃厚的活動抱有防範心理，他們害怕自己的利益受到損失，或者不願被打擾，因此導致對話過程中出現阻礙。如何解決這一問題呢？

銷售溝通的最高境界，就是在客戶不知不覺的情況下成功銷售自己的產品，也就是說，要使客戶意識不到你們之間的買賣關係。

在商業競爭日漸激烈的形勢下，許多不規範的追求短期利益的銷售人員對企業及很多消費者都造成了很不好的負面影響，在客戶心中留下了「銷售員不值得信賴」或「他們總是糾纏不放」的惡劣印象。所以在任何一次銷售溝通的過程中，尤其是與客戶一對一談話的過程中，銷售人員要盡量弱化商業氛圍，不要讓客戶感覺到明顯濃厚的商業氣氛，包括不要使用那些商業性質明顯的銷售語言和相關的銷售舉動，例如：

「請您趕快簽下訂單吧……」

「這種商品的價格已經很便宜了……」

「我們公司只對交易額達到十萬元以上的客戶有優惠……」

銷售人員最好將整個溝通氛圍營造成一種家庭成員或者朋友似的聚會，當然了，良好溝通氛圍的營造有很多途徑和方法，這需要銷售人員根據不同的客戶需求和所銷售產品的具體特點來採用。如果銷售人員能用心觀察客戶在溝通過程中的反應，認真學習和不斷總結經驗，暢通的溝通氛圍就會得以實現。

製造一見如故的緣分

一見如故，這是與客戶溝通的理想境界。無論是誰，如果具有跟初交客戶一見如故的能耐，他便能留下親切和深刻的印象給客戶，接下來的溝通也會變得順暢。要達到一見如故的效果，銷售人員可以透過一些技巧來實現的。

銷售人員怎樣才能在與客戶見面之初便能讓客戶產生一見如故的親切感呢？關鍵是與客戶見面交談之前要做好充分的準備。優秀的銷售人員，除了有高超的語言技巧，無一不是在未見其人之前早已了解客戶的大概情況，特別是來訪者最感興趣的題目。這樣，一交談就能有的放矢。

下面介紹的幾種開場白，營造一見如故的感覺有立竿見影的效果。

1.攀親認友

一般來說，對一個素不相識的客戶，只要事前作一番認真的調查研究，你都可以找到或明或隱、或遠或近的親遠關係。而當你在見面時及時拉上這層關係，就能一下縮短心理距離，使對方產生親切感。

2.揚長避短

人人都有長處，也都有短處。人們一般都希望別人多談自己的長處，不希望別人多談自己的短處，這是人之常情。跟新客戶交談時，如果以直接或間接讚揚對方的長處作為開場白，就能使對方高興，交談的積極性也就能得到極大激發。

3.表達友情

用三言兩語恰到好處表達你對對方的友好情意，或肯定其成就，或讚揚其品質，或歡迎其光臨，或同情其處境，就會頃刻間暖其心田，就會使對方對你一見如故，產生欣逢知己之感。

4.添趣助興

用風趣活潑的三言兩語掃除跟新客戶交談時的拘束感和距離感，以活躍氣氛，增添對方的交談興致，這是爐火純青的交際藝術。

營造與客戶一見如故的感覺，銷售人員應該學會以下幾種技巧：

會面之前做好功課，充分了解客戶，勾勒客戶的興趣關注點。培養良好的觀察力，善於從客戶的表情、服飾、談吐、舉止等方面的表現來尋找共同話題。擁有讓人愉快的微笑。找出與對方的共同點，這樣即使是初次見面，無形之中也會湧起親密感，一旦縮短了心理的距離，雙方很容易推心置腹。表現出自己關心對方，搜集對方的資料，讓他感受到你的誠意和熱忱。坐在對方的身邊，那樣與客戶之間會很快親近起來。

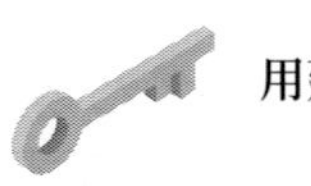

用建議和說明打動客戶

在銷售過程中，銷售員真心誠意說明客戶並提供完善的建議是解除客戶戒備心理、讓溝通變得更順暢的一種非常有效的手段。通常，客戶對銷售人員充滿了警惕和防範，因為他們害怕一不小心就掉進銷售人員精心設計的「圈套」。

之所以如此，並非客戶過於小心謹慎，而是因為有相當一部分銷售員不能從根本上真誠對待客戶、積極關注客戶的具體需求。有些銷售員為了完成銷售任務而不擇手段，但結果是，短期的銷售目標有可能實現了，但銷售工作會做著做著就沒法做了，最終走投無路。所以，部分銷售員的惡劣行為會醜化所有銷售人員在客戶心目中的印象，而扭轉這種局面的唯一方法，就是用自己的真誠去關心客戶，誠心誠意為客戶提供建議、解決問題。

客戶在購買的過程中往往會充滿懷疑的警惕，因為他們擔心做出錯誤的判斷而陷入商家的圈套。這時，如果銷售員能真誠為客戶著想，站在客戶的立場上提供真誠的建議和幫助，往往可以贏得他們的信賴。

建議與幫助是銷售成交的關鍵所在，也是達成交易的方案。由於你對產品的了解比較專業和系統，如果再以真誠的態度把購買的建議方案傳遞給客戶，就會使客戶的購買欲望達到最高，他們也許會直接把訂單給你。

提出建議和說明的最終目的是希望獲得訂單，所以，銷售員首先要把握的原則是讓客戶感受到需求能被滿足，問題能夠得到解決。當客戶看完你的產品介紹後，心裡有了購買想法，若是你能真誠及時提供給客戶一套適合解決客戶問題的建議方案，無異於幫了客戶的大忙。

1.建議的準備技巧

對客戶的現狀有所把握；針對客戶的特點分析建議重點；了解競爭者的狀況；知道客戶的購買習慣。

2.銷售現狀分析

理清主要的問題點及產生的原因；分析問題要依據銷售員調查的資料；問題點必須是客戶有興趣、關心的；原因的把握要得到客戶的認同。

3.制訂一個標準的建議方案

宗旨；目前情況；建議改善對策；比較使用前及使用後的差異；成本效益分析；結論。

銷售需要注意的是，對客戶提供的建議應從客戶想要達成的目標著手擬製，在建議方案中應提出達成的目的及優點，同時，應盡可能簡明扼要，其中解決問題的措施要能針對問題的原因改善，並能清楚讓客戶理解，同時還要有具體的資料證明你的對策是可行的。而且，在建議中要比較使用前及使用後的差別，並拿出具體的證明，以便客戶能客觀判斷產生的差異。

另外，建議方案的成本計算要正確合理，效益包括有形的效益及無形的效益。有形的效益最好能數值化，效益必須是客戶也能認定的。

只有當銷售人員真正關注客戶的需求，並且真心誠意為客戶解決問題之後，客戶之前對銷售人員的誤解和疑慮就會得到消除，接下來的溝通自然會順暢得多。

贏得客戶的好感

銷售員有兩個目標：一是達成交易，二是與客戶建立關係。前一個目標是關心銷售，後一個目標是關心客戶。實踐證明，既關心銷售又關心客戶的銷售員，其銷售效果最好。而要與客戶建立長期關係的一個很重要的因素就是：博得客戶的好感。

查理斯是某銀行的職員，奉命寫一篇有關某公司的機密報告。透過打聽得知，有一家工業公司的董事長擁有他需要的資料。於是，查理斯便前去拜訪。當他走進那位董事長的辦公室裡，女祕書從另一扇門中探出頭來對董事長說：「今天沒有什麼郵票。」

「我替兒子收集郵票。」董事長對查理斯解釋了一下說。然後，查理斯說明來意，但談話沒有什麼結果，董事長不願把資料交給這個他了解不深的陌生人。

第二天，查理斯又去拜訪這位董事長。當他拿出許多有趣的郵票時，董事長高興極了。「喬治一定喜歡這張，瞧這張，喬治一定把它當無價之寶。」董事長一邊連連讚嘆，一邊撫弄那些郵票。接下來的時間裡，查理斯一直和董事長在談郵票，但臨走時，沒等查理斯開口，董事長便把他需要的資料全部告訴了他。不僅如此，董事長還找人來，把一些事實、資料、報告、信件全部提供給了查理斯。

在上面的例子中，查理斯雖然不是一個銷售員，但從他的表現中，可以看出他具有當一名銷售員的潛質，這就是他懂得如何去博得客戶的好感。銷售員在接近客戶的過程中，找到客戶的興趣所在並予以滿足，從而贏得客戶的好感，這往往是打開溝通話匣的契機。那麼，銷售中如何做才能贏得客戶的好感呢？

1.對客戶真心

無論他是什麼人，你都必須真心尊重他，讓他體會到你的真心。對他們的職業感興趣，並學會恰到好處稱讚。記住客戶的生日，並在他生日的時候祝賀，雖然這可能僅是一張明信片，但效果卻可以十分驚人。發現對方的興趣點，並設法滿足他。

2.準備好與客戶交談的話題

要與形形色色的客戶打交道，就必須要有適合各種客戶的豐富話題。銷售員反覆拜訪某一位客戶，每次都提供一個具有魅力的話題並不是一件容易的事情。如果準備不充分，就會出現冷場。所以，有一位銷售專家提出，銷售員應準備三十種左右的話題。如：

季節、氣候、節日、紀念、近況、愛好、同學、同行、新聞、人性、旅行、食物、生日、經歷、傳說、傳統、天災、姓名、電視、家庭、戲劇、電影、汽車、公司、健康、經濟、藝術、技能、趣味、長輩、工作、時裝、住房、家常等。話題可以是各式各樣的，但以上話題一般比較合適而且有效。

3.幫客戶擺脫苦惱

有些客戶只將銷售員作為一個傾訴的對象，可能會沒完沒了將自己的苦惱說出來。這時候，銷售員應該能夠把握住傾聽的火候，即能適當截住客戶的話，將他從這種苦惱中擺脫出來，並將自己事先準備好的適合他目前情況的話題拿出來，與他談一些使他愉快的事情。

客我雙贏是溝通的目的

作為一名銷售人員，你可能聽說過「溝通的目標就是達成雙贏」這樣一種說法。這種創造性的溝通策略可以讓你和客戶在結束溝通時，都感覺自己贏得了溝通。而在與客戶溝通活動中，只有在相互尊重、互惠互利的前提下，才能獲得「雙贏」的效果。

溝通雙方的有效溝通是建立在互惠互利基礎上的，如果僅僅只考慮本方的利益而不考慮對方的利益，這樣的溝通是很難取得效果的，這就是我們經常提到的「雙贏」思想。特別是在與客戶溝通的時候，溝通不好，會產生誤解，造成障礙，而失去很多的機會，造成一些遺憾。我們在惋惜溝通失敗的時候，更多的是在講求技巧、方法適當，即若技巧不好會造成溝通不良。其實，更重要的是在於對溝通的理解，以及溝通時的態度。任何時候、任何事物的溝通，都是雙方面的，是相互心與心的撞擊，是相互的包容與接納。否則，一廂情願，將自己的意願強加於人，強人所難的被動溝通，註定是要失敗的。而在與客戶溝通中，更應是相互尊重，互惠互利的前提下，才能達成。也只有這樣，才會你有我有，你要我要，獲得「雙贏」的效果。

有個妻子快要過生日了，她希望丈夫不要再送花、香水、巧克力或只是請吃頓飯。她希望得到一顆鑽戒。

「今年我過生日，你送我一顆鑽戒好不好？」她對丈夫說。

「什麼？」

「我不要那些花啊、香水啊、巧克力的。沒意思嘛，一下子就用完了、吃完了，不如鑽戒，可以做個紀念。」

「鑽戒，什麼時候都可以買。送你花，請你吃飯，多有情調！」

「可是我要鑽戒，人家都有鑽戒，我就沒有，就我沒人愛……」

結果，兩個人因為生日禮物，居然吵起來了，吵得甚至要離婚。更妙的是，大吵完，兩個人都糊塗了，彼此問：「我們是為什麼吵架啊？」

「我忘了！」太太說。

「我也忘了。」丈夫搔搔頭，笑了起來：「啊！對了！是為了你要顆鑽戒。」

再說個相似的故事：

有個太太，想要顆鑽戒當生日禮物。但是她沒直說，卻講：「親愛的，今年不要送我生日禮物了，好不好？」

「為什麼？」丈夫詫異問道，「我當然要送。」

「明年就不要送了。」丈夫眼睛睜得更大了。

「把錢存起來，存多一點，存到後年。」太太不好意思小聲說：「我希望你買一顆小鑽戒……」

結果，你們猜怎麼樣？生日那天，她還是得到了禮物，得到了一顆鑽戒。

當我們比較前面這兩個溝通技巧的時候，可以知道第一例中的妻子太不會說話，她一開始就否定了以前的生日禮物，傷了丈夫的心。接著她又用別人丈夫送鑽戒的事，傷了丈夫的自尊。最後，她居然否定了夫妻的感情。至於第二例，那太太就聰明多了。她雖然要鑽戒，卻反著來，先說不要禮物，最後才把目標說出。因為她說後年才盼有個鑽戒，丈夫提前，今年就給她一份驚喜，無論太太或丈夫，感覺都好極了，不是「雙贏的溝通」嗎？

要想達到雙贏溝通的目的，專家建議可以按照雙贏銷售模式來銷售，雙贏銷售模式包括以下四個步驟：計畫、關係、協議、持續。

雙贏式交易，就是要讓客戶像銷售員自己一樣看待銷售工作，買賣雙方都在為彼此達成一致而努力。

第一，制訂一個雙贏式計畫

1 具體確定在向對方銷售時，自己要達到什麼樣的目標。這一步十分重要，不容忽視。因為如果不知道自己在銷售中要達到什麼目標的話，計畫也就沒有什麼意義了。

2 努力理解客戶的目標。在明白了自己的目標並作出歸納之後，銷售員要做的是，盡力去理解客戶的目標。不要忘記，和你一樣，客戶也有希望透過交易要達到的目標。客戶要是沒有達到自己目標的話，那麼他們一開始就會對交易漠不關心。

3 比較。在確定了兩者的目標之後，銷售員就要將二者的目標加以比較，找出與對方完全一致的地方。對於雙方完全一致的共同點，就沒有必要再協商。對於不一致的地方，為了協調不同的利害關係，銷售員就要發揮創造力和開發能力。這是制訂雙贏計畫中最重要也是最富有挑戰性的一步。

第二，建立起雙贏式關係

人們願意和信任的人打交道，不願意向自己不了解、不信任的人下保證、訂合約。如果銷售員贏得了客戶的信任和好感，客戶就會放心、樂意和銷售員交易。可以說，雙贏式關係就是要建立一種彼此都希望對方處於良好協商環境之中的關係。所以雙方不僅會彼此融洽協商，更會從內心期待著這種交易能達成。

第三，建立雙贏式的協議

雙贏式的協議，是指協調雙方的目標，使買賣雙方都能接受的協議。因為協議牽涉到雙方的利害關係，所以這種協議也確定下了彼此雙方在協議中應承擔的責任。

第四，建立雙贏式的維持

銷售員與客戶僅僅達成協議是不夠的，重要的是把協定的內容付諸實施。當有客戶在為你疲於奔波的時候，銷售員不要忘記給他相應的回報，讓他體會到你感謝他的心情，讓他覺得自己的辛勞有代價。銷售員對客戶遵守協定的行為要給予適時的、良好的激勵。方式可各式各樣，如：親自拜訪對方，或是寫信、打電話致以問候，對其努力表示感謝。重要的是適時，在客戶履行協定後要立即給予激勵。二是銷售員自己也應履行所承擔的職責。再也沒有比自己不信守諾言更能削弱對方信守諾言意願的了。自己都不願意遵守諾言，你能讓客戶遵守諾言嗎？這是一個基本的法則，自己不願去做的事，對方也不會願意去做。

溝通的目的在於客我雙方達到雙贏，這就需要銷售人員做好以下工作：

1 明確自己的目標，充分重視對方的目標並加以理解。
2 找出雙方共同的領域，為了協調不一致的地方，要提出雙贏式的解決方案並加以歸納整理。
3 發揮創造力和想像力，找出一個能為雙方都接受的方案。
4 建立種種活動計畫，發展與客戶間的個人關係。
5 培養相互間的信賴感。
6 形成雙贏式的關係後，再進行正式的銷售事務協商。

7 對於對方的功績要給予積極反應。

8 保持與客戶的接觸，再次肯定彼此的信賴關係。

第三章　把握銷售溝通的尺度——與客戶保持良好互動

溝通的目的是雙贏，這是所有銷售人員在與客戶溝通的過程中必須明確的道理。要做到無障礙溝通，首先就要知己知彼，不打無準備之仗是溝通的首要條件，然後，一個好的銷售人員一定要學會換位思考，只有你肯站在客戶的立場上想問題，才有可能贏得客戶的信任。做到了這一切還不夠，在溝通中，保全客戶的面子也非常重要，同時，我們也不能輕易亮出自己的底牌，還要學會利用優勢辯證法來達到自己的銷售目的。

保住客戶的「面子」

銷售人員直接與客戶打交道，其服務品質的好壞與行銷業績息息相關。人的「面子」支配和調節著自身的社會行為，銷售人員要提高服務品質，就要學會與客戶打交道，真正貫穿以客戶為中心的思想，要充分考慮客戶的「面子」，同時還要考慮同行的面子，利用「面子」的積極作用來創造價值和財富。

銷售商品時，銷售人員最忌諱的就是指責對方，與客戶發生爭執，銷售員必須為客戶保全「面子」。世界上有許多人，明明知道自己錯了，卻死不認錯，其深層思想意識就是為了保全「面子」。不當面指責客戶，不與客戶發生衝突，永遠保持禮貌、謙虛、謙恭，這並不意味著低人一等，而是一種溝通的藝術。

總而言之，我們應該把客戶「面子」當作是我們自己的「面子」一樣，愛護客戶的「面子」就是愛護我們自己的「面子」。

專家建議銷售人員要注意以下幾個方面：

1.態度溫和，言語輕柔，避眾指正

人人都要面子，如果你讓客戶失盡面子，這樣你就不會從客戶那裡得到什麼好結果。客戶都是喜歡我們在人多時候用溫和的態度、輕柔的言語，帶著一種尊重的語氣跟他述說，不喜歡被別人當場指正，在眾人面前失面子，所以銷售人員應該避免在眾人面前糾正客戶。如果客戶真的有錯誤，我們應該等到沒人的地方再向客戶述說，保全客戶在眾人或者消費者面前的面子，同時也不會影響到客戶今後的生意。經營零售業的客戶非常明白「你敬我一尺，我還你一丈」的意義，如果我們保全客戶面子，他們也會非常尊重我們，為我們保全面子，相互支援，相互配合。

2.注重自己面子，也不失客戶面子

有的時候，我們為了指導客戶一些經營方式，我們會直接指出客戶經營中這裡不行那裡不行，這樣就會讓客戶覺得我們在貶低他們，抬高自己的能力，反而會得到不好的效果，也有可能適得其反。所以我們指導客戶應該肯定和贊許客戶大部分的經營方式，再用一些建議性語氣如「我覺得」、「我想」等等來提醒客戶改正，這樣客戶會虛心接受我們的建議，同時也保住了客戶的面子。

3.把握機會，肯定客戶和抬高客戶

客戶都是愛好面子的，都喜歡在別人面前展現所長。在拜訪中，我們會遇到客戶正在和消費者聊天，這個時候我們應該把握機會，抓準時機，抬高客戶，加深客戶在消費者中的印象；同時也讓客戶對我們有好感。

4.不輕易許諾，避免客戶丟失「面子」

許下的諾言必須實現，否則還是不許諾的好。有時候我們對客戶許下了承諾，而客戶又對別人誇口我們能給予他們什麼，最後我們不能兌現承諾時，導致客戶在別人面前丟失「面子」。所以我們對於沒有把握的事情不要輕易許諾，以保全客戶「面子」不受到損壞。

你每給別人一次「面子」，就可能增加一個朋友，你每次駁一個「面子」，就可能增加一個敵人。所以銷售人員要謹記，任何時候都要保住客戶的「面子」。

迴避客戶忌諱的事

俗語道：「言語傷人，勝於刀槍；刀傷易癒，舌傷難痊。」每個人都希望與有涵養有層次的人在一起交流，每個人都有自己所避諱的事情。作為銷售人員，在與客戶溝通的過程中，要盡量迴避那些客戶所忌諱的事情，躲開不必要的衝突。

在任何拒絕和反擊的外表下，都隱藏著溝通雙方的某種形式的衝突。對於衝突，不同人的定義是不同的。社會學家認為，衝突是指兩個或兩個以上的人之間的一場公開的對立和鬥爭；而政治學家則認為，衝突是人們為了實現不同目標或滿足自身利益而形成的某種形式的鬥爭。當溝通的雙方意見不一致時，他們往往更多的是考慮自身的利益，而不是為對方考慮。「仁者見仁，智者見智」，對於同一個人，同一件事，不同的人往往會有不同的看法。引發衝突的原因是多方面的，而其中最主要的就是意見和看法上的分歧。

例如，有些外國朋友對數字「十三」特別敏感，認為是很不吉利的事情，但我們就不會；我們在吉利的日子喜歡大紅色，表示喜慶，而在某些西方國家則認為紅色很血腥很暴力。衝突的產生，很多原因是與當事人所受的教育、信仰以及文化背景有關，並且與當事人的生活經歷也有著很大的關係。

在溝通過程中，如果能夠有效避免和客戶的正面衝突，迴避客戶忌諱的事情，絕對是和客戶建立良好合作關係的保障。

小張是一家非常有名的婚紗攝影店的銷售人員。每天來店裡光顧的客戶都很多，一天，一位少婦來到店裡，一連花了幾個小時，試了近十套的婚紗，結果批評的意見提了不少，可是婚紗卻

一件也沒有看上。

她不僅不停指使銷售人員拿這個、拿那個，而且還當著其他客戶滔滔不絕發牢騷，什麼「這婚紗款式太土」、「那件婚紗設計感不強」、「婚紗的定價不合理」等等。店員實在是無奈透頂，於是把在樓上的小張請了下來。

小張先是仔細觀察了一下，發現這個少婦的年紀不大，估計也就二十八九的樣子，穿著也很時尚，很有品味，但是雖然鞋子很有質感，卻不是很時尚的高跟鞋，再加上她的小腹微微有些隆起，小張估計，這位少婦可能是奉子成婚……這樣一來，她的婚紗確實不是很好搭配，但還是有幾款蠻適合的。

小張在少婦旁邊站了一會兒，直到少婦對剛穿到自己身上的一套婚紗批評完，小張才緩緩開口道：「這位女士，您的氣質很與眾不同，所以一般的婚紗是無法全面襯托出您的氣質的，您稍等一下。」說完，小張從裡面拿出了一套價格不菲的婚紗來，說：「您可以試試這件，它的設計感很強，可以很好修飾您的身材曲線，讓您看起來更加修長，莊重而不失性感。」少婦試了一下，感覺還不錯，最終訂了這件。

其實，這件婚紗，在一開始少婦就已經試過了。但是當時她拿不定主意，也不好和別人說她奉子成婚的事，不曉得哪件婚紗更適合她，所以就選擇了抱怨。但是很少有店員能夠耐心聽完她的抱怨，並適時給她一個建議，直到小張來到她身邊她才得到了自己想要的效果。

小張推測少婦是奉子成婚，但並不願意表露出來。所以小張在推薦婚紗的時候，沒有直接提出來，而只是在效果上給了少婦很好的建議，讓少婦保全了面子，最終得到了自己想要的婚紗。倘若小張把話挑明，少婦如果很避諱的話，勢必要引起一場衝突，那麼不僅少婦得不到想要的婚紗，店裡的生意肯定也會受影響。

我們回顧一下案例中小張是怎麼做的。小張透過對少婦的觀察得出結論後，並沒有對少婦的私事做確認，而是認真為少婦選擇了最合適的婚紗。她了解客戶的心理，知道客戶對自己的私事不願張揚，是不想讓別人知道，所以對此避而不談。這對少婦來說無疑是一種尊重。

不論是誰，也不論他是何等挑剔，當他感受到別人對自己的尊重與肯定時，比如自己的牢騷有人傾聽，自己的想法有人理解，心裡就會得到滿足，所有的不滿、不平、反感等消極情緒，就會慢慢消退。到最後就會變得不那麼固執己見，就比較容易能夠聽取別人的意見，比較容易溝通了。

所以，作為一名銷售人員，要在適當的時候迴避客戶忌諱的事情，這樣不僅是為了保住客戶的面子、保住客戶的隱私，更是為了證明我們作為一名銷售人員對客戶的充分尊重。所以，在與客戶溝通之前，銷售人員要做好準備工作，盡可能了解客戶有哪些避諱的事情；在溝通的過程中，要善於察言觀色，及時迴避客戶忌諱的話題。

講究溝通的禮儀和技巧

銷售人員需要從內心深處尊重客戶，不僅如此，還要在禮儀上表現出這種尊重。否則的話，你就別想讓客戶對你和你的產品看上一眼。

1.稱謂上的禮儀

無論是打電話溝通還是當面交流，彼此之間都需要相互稱呼，這就產生了在稱謂上的禮儀要求。有人認為一個簡單的稱謂不用講究什麼禮儀，其實不然。如果首先在稱謂方面就使對方產生了不悅，那麼接下來的溝通就很難有積極的互動。所以，銷售人員必須熟悉掌握與客戶溝通時在稱謂方面的禮儀。

（1）熟記客戶姓名。

銷售人員至少要在開口說話之前弄清楚客戶姓名的正確讀法和寫法。讀錯或者寫錯客戶的姓名，這看起來可能是一件小事，卻將使整個氛圍變得很尷尬。如果在見面之前對客戶的姓名存有懷疑，那最好認真查一下字典，確定準確無誤的讀音之後再與客戶聯繫。如果對客戶名片上印著的客戶姓名不能確定，那不妨有禮貌的直接向客戶詢問，而不是亂猜。

（2）弄清客戶的職務、身分。

一位銷售代表走進一家老客戶的公司時，看到客戶的辦公室裡有一位年屆五十的中年人。當時辦公室裡的人都稱呼該中年人為「老杜」，而且其他客戶以為這位銷售代表見過此人就沒有介紹，因此在向「老杜」敬菸時，這位銷售代表半親密半開玩笑說：「老杜其實不老嘛！是太年輕有為了！」

說完這話時，一位與該銷售代表比較熟悉的客戶使了一個眼色。後來，銷售代表才明白，原來那位「老杜」是客戶公司從外地挖來的部門經理，因為與其他部門經理年齡相差懸殊，所以大家都叫他「老杜」。雖然這種叫法不會令「老杜」感到尷尬，可是銷售代表的說法卻觸動了他的敏感神經。

任何時候，如果不能確定客戶的職務或身分，銷售代表可以透過他人介紹或者主動詢問等方法弄清這一點。當銷售代表把客戶介紹給他人，或者與客戶溝通時，還需要在弄清客戶職務、職稱的基礎上注意以下問題：

稱呼客戶職務就高不就低。有時客戶可能身兼多職，此時最明智的做法就是使用讓對方感到最被尊敬的稱呼，即選擇職務更高的稱呼。稱呼副職客戶時要巧妙變通。如果與你交流的客戶身處副職，大多數時候可以把「副」字去掉，除非客戶特別強調。

2.握手時向客戶傳達敬意

握手作為一項最基本的社交禮儀，其傳達的意義可以非常豐富。利用握手向客戶傳達敬意，引起客戶的重視和好感，這是那些頂尖銷售高手經常運用的方式。要想做到這些，銷售人員需要注意如下幾點：

（1）握手時的態度。

與客戶握手時，銷售人員必須保持熱情和自信。如果以過於嚴肅、冷漠、敷衍了事或者缺乏自信的態度和客戶握手，客戶會認為你對其不夠尊重或不感興趣。

（2）握手時的裝扮。

與人握手時千萬不要戴手套，這是必須引起注意的一個重要問題。

（3）握手的先後順序。

關於握手時誰先伸出手，在社交場合中一般都遵循以下原則：地位較高的人通常先伸出手，但是地位較低的人必須主動走到對方面前；年齡較長的人通常先伸出手；女士通常先伸出手。當然了，對於銷售代表來說，無論客戶年長與否、職務高低或者性別如何，都要等客戶先伸出手。

（4）握手時間與力度。

原則上，握手的時間不要超過三十秒。如果面對的是異性客戶，握手的時間要相對縮短；如果面對的是同性客戶，為了表示熱情，可以緊握對方雙手較長時間，但是時間不要太長，同時握手的力度也要適中。作為男性銷售人員，如果對方是女性客戶，需要注意三點：第一，只握女客戶手的前半部分；第二，握手時間不要太長；第三，握手的力度一定要輕。

3.名片使用講究多

名片雖小，但是在與客戶溝通過程中的影響卻不容忽視。

除了人們通常了解的雙手向客戶奉上名片、使客戶能從正面看到名片的主要內容、雙手接住客戶遞過的名片、拿到名片時表示感謝並鄭重重複客戶姓名或職務之外，與客戶交換名片時，銷售人員還應該注意一些其他事項：

（1）善待客戶名片。

最好事先準備一個像樣的名片夾，在接到客戶名片後慎重把名片上的內容看一遍，然後再認真放入名片夾中。既不要看也不看就草草塞入皮夾，也不要折損、弄髒或隨意塗改客戶名片。

（2）巧識名片資訊。

除了名片上直接顯示的客戶姓名、身分、職務等基本資訊之外，銷售人員還可以透過一些「蛛絲馬跡」了解客戶的交往經驗和社交圈等。通常客戶的名片上不會印有住宅電話，如果上面有住宅電話，銷售代表不妨用心記住，這將有助於今後更密切展開聯繫。

（3）分類名片。

第一：分類自己的名片主要是針對那些身兼數職的銷售人員而言。如果屬於你的頭銜較多，那不妨多印幾種名片，面對不同的客戶選擇不同的名片。

第二：對客戶的名片根據自身需要分門別類。這既可以在你需要時方便查找，也會使你的名片夾更加整齊、有效。

4.不可忽視地方風俗和民族習慣

如果銷售人員要去拜訪其他地區的客戶，那就需要清楚客戶所在地是否具有某種特別的禮儀要求，或者客戶所在地的風俗習慣等等。比如，如果得知客戶是回族，那在談話時就盡量不要提他們特別忌諱的有關「豬」的事情，吃飯時要盡可能選擇清真餐廳。

5.以客戶為談話的中心

一定要把客戶放在你一切努力的核心位置上！不要以你或你的產品為談話的中心，除非客戶願意這麼做。這是一種對客戶的尊重，也是贏得客戶認可的重要技巧。此時，銷售人員必須要擺正自己的位置，即明確自己扮演的角色和行動目標——滿足客戶的需求，為客戶提供最滿意的產

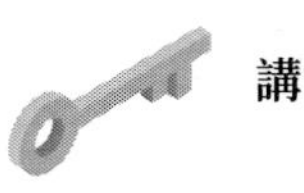

品或服務。

例如，當你請客戶吃飯的時候，應該首先徵求客戶的意見，他愛吃什麼，不愛吃什麼，而不能憑自己的喜好，主觀為客人點菜。如果客戶善於表達，那你就不要隨意打斷對方說話，但要在客戶停頓的時候給予積極回應，比如誇對方說話生動形象、很幽默等。如果客戶不善表達，那也不要只顧著你自己滔滔不絕說話，而應該透過引導性話語或者合適的詢問讓客戶參與到對話當中。

6.相互交流時的禮儀

與客戶交流時，銷售人員要注意說話和傾聽的禮儀與技巧，要在說與聽的同時，讓客戶感到被關注、被尊重：

（1）說話時的禮儀與技巧。

說話時始終面帶微笑，表情要盡量柔和。溝通時看著對方的眼睛。保持良好的站姿和坐姿，即使和客戶較熟也不要過於隨便。與客戶保持合適的身體距離，否則距離太遠顯得生疏，距離太近又會令對方感到不適。說話時，音高、語調、語速要合適。語言表達必須清晰，不要含糊不清。想要引起客戶特別注意的地方要加以強調。如果客戶沒聽清你的話，應耐心加以解釋，並為自己沒有說清表示歉意。

（2）聽客戶談話時的禮儀與技巧。

客戶說話時，必須保持與其視線接觸，不要躲閃也不要四處觀望。認真、耐心聆聽客戶講話。對客戶的觀點積極回應。即使不認同客戶觀點也不要與之爭辯。

局面越僵越要笑

在銷售中遇到僵局是很正常的事，哪個銷售員沒碰到過態度生硬、面孔冷淡的客戶呢？僵局對於銷售極為不利，如果不能盡快化解僵局，那麼你前面的銷售工作就都白做了。那麼怎樣打破僵局取悅客戶呢？祕訣很簡單：笑。

不要草草收場，不要悲觀失望，你唯一要做的就是擺出笑臉。不要懷疑，笑臉加誇獎能解決任何難題。當我們在銷售過程中遇到一些阻礙時，會覺得情況嚴重，一點也笑不出來。例如：

「太過分了，你們送貨很不準時。我想你應該記得，我向你提過，有兩次我們必須整夜留在公司，就為了等你們送貨。我沒有辦法再忍受這種情形了！你們的產品並沒有什麼不好，只是送貨常常不準時，而另外一家供應商卻總是準時送到。」

「我想我最好不再從你們公司進貨，因為最近這個行業裡的人們都在傳說你們公司快要關門了。我不能讓自己陷入困境。你們這種國際性的公司都是這樣，如果局勢不好就會隨時關閉，到另外的國家去再建新廠。我寧願與區域性的公司打交道，因為需要他們時，他們總是可以提供適時的服務。」

在上述兩種情形下，對方都不會向你採購。第一種情形是過去確實發生的事，而第二種情形是對方在擔心尚未發生的事。對於第一種情況，應該用很嚴肅的態度來處理，因為他曾向你發出抱怨，如果不改進，你就會立即失去這位客戶。第二種情況，也許是你們的對手在散布謠言，如果不予理睬，將會帶來很大的傷害。人們不會與失敗者做生意，也不會向即將關門的企業購買產品，因為他們害怕無法得到必要的服務。該怎樣處理這種情況呢？一位政治家曾說過：「真理尚

未萌芽，謊言早已傳遍半個世界。」這樣的謊言對企業的傷害是很嚴重的。如果我們用很嚴肅的態度來處理，很可能會讓對方誤以為情況屬實，因而沉住氣，態度平和，以微笑對之，化解對方的疑惑。

作為一個銷售員，在與客戶交往的過程中，難免會遇到一些尷尬的場面。如果在那種情況下，你還能從容微笑，就可能令緊張的氣氛消失得無影無蹤，客戶還會被你的魅力所吸引，被你的寬廣胸懷所感動，進而欽佩你，真正接受你。

說話辦事時，只要能超越自身情緒的困擾，你就能保持輕鬆愉快的心情，你的面孔也會因此而湧起微笑，並感染客戶，而且客戶的微笑也反過來會強化你的微笑，形成你與客戶之間的良性迴圈。這無疑會促進你的個性和創造力的發展，為你把事情辦好鋪下一塊塊「基石」。笑不僅可以營造一種和藹的銷售氛圍，而且也可以緩解尷尬的局面。那麼，如何用微笑打破僵局呢？

1　在適合的時機與場合。在適當的時候、恰當的場合，一個簡單的微笑可以創造奇蹟。一個簡單的微笑可以使陷入僵局的事情豁然開朗。

2　微笑時，你的目光要與客戶目光保持交流。如果你面對兩個或兩個以上的客戶，就巡迴凝視他們。不要往其他地方看，否則會分散他們的注意力。

3　不要笑過頭，嘴咧得太大。嘴咧得太大會給人一種傻乎乎的感覺。要想不讓客戶說你傻，就要想辦法把嘴巴的開合度控制好，以「不露或剛露齒縫」為最佳。

4　只要你能從內心深處端正自己的態度，養成樂觀、豁達的性格，你臉上的笑容自然會不請自來。有了這樣的笑容，自然就會產生令客戶難以拒絕的魅力。

5　如果你在交談中能夠以完全平等的態度對待客戶，尊重客戶的感情、人格和自尊心，那麼你的微笑就是真誠的、美麗的，就具有強大的凝聚力。

謹慎使用專業術語

銷售員需要知道的一個最簡單的常識就是，用客戶聽得懂的語言向客戶介紹產品。如果一味賣弄專業術語，用客戶聽不懂的話與客戶交流，客戶就理解不了必要的資訊。所以，銷售員對產品和交易條件的介紹必須簡單明瞭，表達方式必須直截了當。表達不清楚，語言不明白，就可能會產生溝通障礙。

銷售員要熟知產品知識，就要接受技術人員的培訓，因此會掌握許多關於產品的技術名詞和概念。但在與客戶溝通時，則不要過多使用專業術語與技術名詞，因為大多數客戶只是使用者，往往聽不懂專業的術語。

過多使用專業術語，不僅不能讓客戶準確理解產品的價值，還會讓他們疏遠你，會讓客戶覺得自己很渺小，而使銷售員的形象變得傲慢、華而不實。

用客戶聽得懂的語言向客戶介紹產品，選用適合該客戶的溝通語言，是每個銷售員應該學會的技能。這就要求銷售員要掌握一定的語言技巧，當需要自己陳述時，能夠讓客戶準確理解自己想要表達的意思。對此，銷售員需要注意以下幾點。

1.選擇適合客戶的交談方式

銷售員必須使用每個客戶所特有的語言和交談方式，在與不同的客戶談話時，都應當認真選

用適合於該客戶的語言，避免使客戶如墜霧裡，不知所云。如果客戶聽不懂你所說的意思是什麼，你就不能打動他。

2.陳述簡潔

簡潔的語言最容易讓人理解。所以，在溝通時，銷售員應該盡可能在較短的時間內，簡單明瞭、乾淨俐落的把比較重要的資訊傳達給客戶。

3.表述準確

在推銷時，銷售員應該把客戶最感興趣、最關注的資訊傳遞給客戶，而不能把所有的資訊不分輕重都講給客戶。這就要求銷售員合理安排洽談不同階段的陳述重點，銷售員要根據具體情況把重要的資訊分成幾次陳述，這樣才能保證客戶正確理解陳述的內容。另外，表述時，銷售員要發音清晰，音量適中，用詞盡量準確。

4.語言流暢

語無倫次、前後矛盾、結結巴巴、吞吞吐吐是溝通的大忌，銷售員一定要克服這種情況，掌握清晰、流利的說話技能，同時做到表述連貫，邏輯合理，前後銜接，原因結果敘述清楚。不然的話，客戶不僅會輕視你，還會懷疑你說話的真實性。需要注意的是，語言流暢並不是要滔滔不絕說個不停，那樣會帶來負面作用。

5.盡量生動

銷售的過程就是發現客戶的需求、激發客戶購買欲望並說服其購買的過程，如果銷售員能夠掌握豐富的語言，則更加有利於銷售的成功。能夠打動客戶的語言一般包括有如下特徵：活潑新穎、有幽默感；易於使人產生愉快的聯想並容易被記住；易於使人覺得舒服和可信，而容易被說服等。

三分鐘內讓客戶聽明白

常言道：「時間就是金錢，時間就是生命。」對於銷售人員來說，在日常的銷售中不僅僅要珍惜自己的時間，也要珍惜客戶的時間。要做到言簡意賅、主題鮮明，在最短的時間內讓客戶明白關於產品、公司的相關資訊，提高溝通的效率。

每位銷售人員都會把「時間就是金錢」這句話深植腦中。可是銷售人員往往只關心如何睿智安排他們自己的時間，卻沒有考慮到客戶的時間也是相當寶貴的。

通常，一些銷售人員在成交關頭功虧一簣，原因是他沒有重視客戶的時間。如果說，最好的客戶是有能力購買你商品的人，而絕大多數的有錢人則是因為懂得善用時間，才能積存他們的財富。

為了建立合作關係，銷售人員必須了解客戶的時間安排。尤其是那些大客戶，他們都是一些著名的企業家、成功的專業人士，事業上的出色成功導致了他們日常工作極其忙碌，要不停開會、接電話、會見訪客……所以想要見到他們是一件很不容易的事情，因為這些人的祕書會幫助他們過濾掉一些銷售人員和沒有預約就想要見面的人。但是這樣並不意味著銷售人員就無法接觸到這些成功人士，這些人仍不時抽空聽取銷售人員的意見，因為他們必須依賴銷售人員提供的諮

詢，以求跟得上最近的發展步調。因此，儘管客戶的行程排得滿滿的，有時他們也必須抽出時間來處理重要的銷售拜訪。

因此，在與這樣的大客戶談話時，就要提前做好預約工作。並且要充分準備，在極短的時間內保證能夠向客戶進行簡明扼要、清晰易懂的介紹。在推銷的時候，一定要該說的說，不該說的不要亂說，因為對於這些人來說，一分一秒的時間都極其寶貴，過多無關緊要的話會使他們對你的介紹喪失興趣，甚至覺得聽你講話都是在浪費時間。

不只是大客戶，即使是小客戶，也很看重自己的時間。畢竟時間就是金錢，時間就是生命，對於很多生意人來說，都有可能是一秒鐘幾十萬上下的事，所以他們怎麼會容忍一個銷售人員在自己的面前誇誇其談，浪費自己的時間呢？所以，作為銷售人員，在溝通時一定要注意提高自己的效率，能在三分鐘內交代完的事情一定不要拖到五分鐘，如果在客戶規定的時間內無法完成任務，一定要和客戶另行約定時間再次溝通。

小李是某汽車代理公司的銷售人員。遇到了一個難得的大客戶，小李經過將近一個月堅持不懈的努力，終於贏得了客戶的信任，答應給他五分鐘的時間，聽小李介紹自己的產品。小李很激動，當天很早便出門了。可是天有不測風雲，在去客戶公司的路上，不幸有一場小車禍事故延誤了交通，小李好不容易才準時趕到了客戶的公司。客戶見小李氣喘吁吁過來，很是詫異，於是就詢問了原因。小李向他解釋了緣由後，他示意小李直接進入主題，開始介紹自己的產品。小李定了定神，開始了自己的介紹。他的思路很清晰，對產品的介紹也詳略得當，對前景的分析也很好，客戶心裡很滿意，但並沒有表現在臉上。

突然，小李的聲音戛然而止，客戶很是奇怪，「你怎麼突然停止了？」

小李回答道：「很抱歉。您給我五分鐘的時間作介紹，我剛剛開始介紹之前設定了計時器，現在時間已經到五分鐘了，可是在規定的時間內我並沒有完成我的任務……不好意思。」

客戶很是震驚，問道：「那按照你的準備，你的介紹大概要多久？」

小李很不好意思地說：「之前的版本應該是五分鐘左右，但是我覺得那樣太空洞了，所以昨晚臨時加了一些內容，大概一共在十分鐘……」

客戶沉默不語，思索了一下，然後叫祕書進來，對她說：「明天找一個小時安排給這位李先生。小李，你看我們明天再安排一個小時好好聊下，怎麼樣？」

小李很是震驚，甚至說是有點欣喜若狂，他和客戶握了握手，激動說：「沒問題！謝謝您！」

第二天，小李如期和客戶見了面，兩人相談甚歡，最後簽訂了合作協定。其間，客戶透露給小李，小李對時間的嚴謹讓他十分感動，他相信和小李這樣守信的人合作一定會很愉快。

在銷售溝通的過程中，言簡意賅、條理清晰的談話內容會讓銷售人員贏得客戶的信任，提高溝通的效率，有利於同客戶建立合作關係。那麼，怎麼做才能達到高效率的溝通呢？怎麼樣才能在較短的時間內讓客戶明白我們銷售人員的意圖呢？

1.要準備充分

在與客戶溝通的過程中，每一分鐘都是十分寶貴的，銷售人員要做到對產品、公司背景、行業背景等相關資訊都瞭若指掌，盡量不要出現資訊上的盲區。提前到達現場，整理自己需要的材料，安撫自己不要過於緊張，做到心中有數。

3.採取適當的表達方式

適當的表達方式可以有效提高溝通的效率，比起銷售人員的陳述，如果有其他的方式輔助，將會有效提高溝通的效率。比如，呈遞給客戶的產品資訊報告中除了大篇幅的文字之外，盡可能多做些圖表等簡明易懂的形式；條件允許的時候，把樣品帶給客戶看，使其能夠更直觀了解產品等等。

4.語言精練、思路清晰

銷售人員在說話時要做到不囉嗦，言簡意賅，表達到位；與客戶溝通時銷售人員的思路要清晰明確，不要東拉西扯，談過多無關緊要的事情會攪亂客戶的思緒。

客戶討厭喋喋不休的你

喋喋不休、誇誇其談是銷售員在接近客戶的過程中最容易犯的一個錯誤，同時也是銷售的大忌。

銷售員：「李經理您好，我是某網路服務公司的銷售員。」

李經理：「你好！」

銷售員：「我以前跟您聯繫過，今天恰好路過貴處，所以就進來拜訪您。」

李經理：「哦。」

銷售員：「我了解了一下，我們公司好像還沒有自己的網站。」

李經理：「嗯。」

銷售員：「大家都知道，現在是網路時代，很多公司都有自己的網站。擁有自己的網站有很多好處，第一呢，可以透過網站介紹企業的業務，發布技術和產品資訊；第二呢，可以提高企業形象；第三呢，企業還可以透過網站提供客戶諮詢服務以及網上交易……。」

李經理：「對不起，我今天沒有時間，我們改天再約吧。」

上述這位銷售員犯的最大錯誤就是：不考慮客戶的感受，一味喋喋不休發表自己的觀點。銷售活動並不是「獨角戲」，而是一定要與客戶互動才能產生良好效果的。當銷售員滔滔不絕向客戶介紹自己的產品時，許多客戶會想：「他會不會是在欺騙我？是不是他的產品品質有什麼問題？要不為什麼會急於賣給我？」所以，對於銷售員來說，喋喋不休很容易讓客戶產生疑問和反感，從而失去銷售的時機。

喋喋不休會讓客戶感覺到不被尊重。銷售員在向客戶銷售產品時，不給客戶說話和表達感受的機會，也會使客戶有一種被拒絕的感受。這樣就會引起客戶的不滿，因為他們覺得自己的時間沒有被人珍惜。而且，銷售員與客戶談話時，最重要的事情是了解客戶的思想、需求、願望、不滿和抱怨，甚至客戶的氣質、愛好及家庭等重要資訊。

如果銷售員在與客戶的交談中只顧自己誇誇其談，只會造成客戶沒機會向銷售員傳遞相關資訊。而銷售員不明白客戶的真正需求，就不能及時調整自己的銷售策略，最終就會失去成交的機會。

那麼，銷售員怎麼來克服喋喋不休、誇誇其談的毛病呢？

1.明確目的，讓銷售更有針對性

明確的洽談目標、洽談方案和思路、適宜的說服方式，這是銷售員在銷售過程的各階段中都要明確的要素。如果這些要素是模糊的，銷售員不知道自己的目標，但又怕出現沉默的局面，於是便喋喋不休、誇誇其談，結果廢話越來越多，最終引起客戶的不滿。所以，在拜訪客戶前列出自己的計畫、目標，以便在談話中有重點、有條理說明自己的意圖，可以幫銷售員克服自己喋喋不休的毛病。

2.多觀察，仔細留心客戶傳遞的資訊

一個優秀的銷售員會在溝通的過程中仔細留心客戶的表情、態度、舉止行為和所處的環境，掌握客戶的內心世界，從中找出適宜的溝通話題及交談重點，然後再配合有針對性的語言說服，打消客戶的顧慮，掌握洽談的主動權，才能輕鬆引導客戶。銷售員在溝通中花精力收集客戶的資訊，不僅有利於銷售員避免把時間和精力都花費在喋喋不休的說服中，還能進一步了解客戶。

3.動手示範，利用輔助工具介紹

如果有條件，銷售員可以透過現場示範的方式來向客戶介紹產品。在動手示範的過程中，銷售員可以更好調整自己的思路，一步一步正確引導客戶，這樣也就避免了銷售員在銷售過程中思路混亂，喋喋不休。另外，銷售員可以輔以各種可以利用的工具，如圖文資料、資歷證明、成功的合作夥伴名單，等等。利用這些輔助工作，可以省去銷售員自己解說的麻煩，減少了喋喋不休的可能性。

有效傾聽客戶談話

在生意場上，做一名好聽眾遠比自己誇誇其談有用得多。如果你對客戶的話感興趣，並且有急切想聽下去的願望，那麼訂單通常會不請自到。

1.有效傾聽在談話中的作用

與客戶溝通的過程是一個雙向的、互動的過程：從銷售人員一方來說，他們需要透過陳述來向客戶傳遞相關資訊，以達到說服客戶的目的；同時，銷售人員也需要透過提問和傾聽來接收來自客戶的資訊。從客戶一方來說，他們既需要在銷售人員的介紹中獲得產品或服務的相關資訊，同時，他們還需要透過一定的陳述來表達自己的需求和意見，甚至有時候，他們還需要向銷售人員傾訴自己遇到的難題等。

可見，在整個銷售過程中，客戶並不只是被動接受勸說和聆聽介紹，他們也要表達自己的意見和要求，也需要得到另一方——銷售人員的認真傾聽。

對於銷售人員來說，有效傾聽在實際談話中的具體作用如下：

（1）獲得相關資訊。

有效的傾聽可以使銷售人員直接從客戶口中獲得相關資訊。在傳遞資訊的過程中，總會有或多或少的資訊損耗和失真，經歷的環節越多，傳遞的管道越複雜，資訊的損耗和失真程度就越大。所以，經歷的環節越少，資訊傳遞的管道越直接，人們獲得的資訊就越充分、越準確。

(2)體現對客戶的尊重和關心。

當銷售人員認認真真傾聽客戶談話時，客戶可以暢所欲言提出自己的意見和要求，這除了可以滿足他們表達內心想法的需求，也可以讓他們在傾訴和被傾聽中獲得關愛和自信。透過有效的傾聽，銷售人員可以向客戶表明，自己十分重視他們的需求，並且正在努力滿足他們的需求。

(3)創造和尋找成交時機。

傾聽當然並不是要求銷售人員坐在那裡單純聽那麼簡單，銷售人員的傾聽是為達成交易而服務的。也就是說，銷售人員要為了交易的成功而傾聽，而不是為了傾聽而傾聽。在傾聽的過程中，銷售人員可以透過客戶傳達出的相關資訊判斷客戶的真正需求和關注的重點問題，然後，銷售人員就可以針對這些需求和問題尋找解決的辦法，最終成交。

2.引導和鼓勵客戶開口說話

認真、有效的傾聽的確可以為銷售人員提供許多成功的機會，但這一切都必須建立在客戶願意表達和傾訴的基礎之上，如果客戶不開口說話，那麼縱使傾聽具有通天的作用也是枉然。為此，銷售人員必須學會引導和鼓勵客戶談話。引導和鼓勵客戶談話的方式有很多，銷售人員經常用到的有如下幾種：

(1)巧妙提問。

由於種種原因，有些客戶常常不願意主動透露相關資訊，這時如果僅僅靠銷售人員一個人唱獨角戲，那麼這場推銷就會顯得非常冷清和單調。為了避免冷場，更為了銷售目標的順利實現，銷售人員可以透過適當的提問來引導客戶敞開心扉，比如用「為什麼……」「什麼……」「怎麼樣……」「如何……」等疑問句來發問。

客戶會根據銷售人員的問題提出自己內心的想法，之後，銷售人員就要針對客戶說出的問題尋求解決問題的途徑，這時，銷售人員還可以利用耐心詢問等方式與客戶一起商量以找到解決問題的最佳方式。

（2）準確核實。

客戶在談話過程中會透露出一定的資訊，這些資訊有些是無關緊要的，而有些則對整個溝通過程有重要的作用。對於這些重要資訊，銷售人員應該在傾聽的過程中準確核實。這樣既可以避免遺漏或誤解客戶意見，及時有效找到解決問題的最佳辦法；另一方面，客戶也會因為找到了熱心的聽眾而增加談話的興趣。值得銷售人員注意的是，準確核實並不是簡單的重複，它需要講究一定的技巧，否則就難以達到鼓勵客戶談話的目的。

（3）及時回應。

客戶在傾訴過程中需要得到銷售人員的及時回應，如果銷售人員不作任何回應，客戶就會覺得這種談話非常無味。當客戶講到要點或停頓的間隙，銷售人員可以為了激發客戶繼續說下去的興趣，可以這樣：

客戶：「除了黃色和白色，其他的顏色我都不太滿意。」

銷售人員：「噢，是嗎？您覺得淡藍色如何呢？」

客戶：「淡藍色也不錯，另外……」

（4）其他溝通手段的配合。

除了上述方式，其他溝通手段的配合也可以使客戶受到鼓勵。比如，體貼的微笑、熱情的眼神或適當的表情等。

3.傾聽是一種需要不斷修煉的藝術

可以說，在一場成功的客戶溝通過程當中，有效傾聽所發揮的作用絕不亞於陳述和提問。但並不是人人都能夠做到有效傾聽，聽得不夠認真會影響客戶的情緒；聽得不清楚，會誤解客戶的意思。因此，為了達到良好的溝通效果，銷售人員就必須不斷修煉傾聽的技巧。有效傾聽的技巧如下：

（1）集中精力，專心傾聽。

這是有效傾聽的基礎，要想做到這一點，銷售人員應該在與客戶見面之前做好多方面的準備，如身體準備、心理準備、態度準備以及情緒準備等。疲憊的身體、無精打采的神態以及消極的情緒等都可能使傾聽歸於失敗。

（2）不隨意打斷客戶談話。

隨意打斷客戶談話會打擊客戶說話的熱情和積極性，如果客戶當時的情緒不佳，而你又打斷了他們的談話，那無疑是火上澆油。所以，當客戶的談話熱情高漲時，銷售人員可以給予必要的、簡單的回應，如「噢」、「對」、「是嗎」、「好的」等等。除此之外，銷售人員最好不要隨意插話或接話，更不要不顧客戶喜好另起話題。例如：

「等一下，我們公司的產品絕對比你提到的那種產品好的多……」

「您說的這個問題我以前也遇到過，只不過我當時……」

（3）謹慎反駁客戶觀點。

客戶在談話過程中表達的某些觀點可能有失偏頗，也可能不符合你的口味，但是你要記住：客戶永遠都是上帝，他們很少願意銷售人員直接批評或反駁他們的觀點。如果你實在難以對客戶的觀點做出積極反應，那可以採取提問等方式改變客戶談話的重點，引導客戶談論更能促進銷售的話題。例如：

「既然您如此厭惡保險，那您是如何安排孩子們今後的教育問題的？」

「您很誠懇，我特別想知道您認為什麼樣的理財服務才能令您滿意？」

（4）了解傾聽的禮儀。

在傾聽過程中，銷售人員要盡可能保持一定的禮儀，這樣既顯得自己有涵養、有素質，又表達了你對客戶的尊重。通常在傾聽過程中需要講究的禮儀如下：

保持視線接觸，不東張西望，身體前傾，表情自然，耐心等客戶把話講完。真正做到全神貫注。不要只做樣子、心思分散。表示對客戶意見感興趣，重點問題用筆記錄下來。插話時請求客戶允許，使用禮貌用語。

（5）及時總結和歸納客戶觀點。

這樣做，一方面可以向客戶傳達你一直在認真傾聽的訊息，另一方面，也有助於保證你沒有誤解或歪曲客戶的意見，使你更有效找到解決問題的方法。例如：

「您的意思是要在合約簽訂之後的二十天內發貨，並且再得到百分之五的優惠嗎？」

「如果我沒理解錯的話，您更喜歡弧線形外觀的深色汽車，性能和品質也要一流，對嗎？」

把說「謝謝」當成一種習慣

兩個人同時去見上帝，問上帝天堂的路怎麼走。上帝見兩個人飢餓難忍，先給了他們每人一份食物。一人接過食物很感激，連聲說：「謝謝，謝謝！」另一個人接過食物，無動於衷，彷彿就該給他似的。最後，上帝只讓那個說「謝謝」的人上了天堂，另一個人則被拒之門外。被拒之人不服：「我不就是忘記說句『謝謝』嗎？」上帝說：「不是忘了。沒有感恩的心，就說不出感謝的話；不知感恩的人，就不知道愛別人，也得不到別人的愛。」那人還是不服：「那少說一句『謝謝』，差別也不能這麼大呀？」上帝又說：「這沒有辦法。因為通往天堂的路是用感恩的心鋪成的，通往天堂的門只有用感恩的心才能打開，而下地獄則不用。」

一個優秀的銷售人員也需要有感恩的心。客戶把做生意的機會給你，不只是因為你的產品好而應該買你的，也是在關照你，你應該對客戶的關照表示感謝。

「謝謝」不僅僅是禮貌用語，也是溝通人們心靈的橋梁。「謝謝」這個詞似乎極為普通，但如果運用恰當，將產生無窮的魅力。首先，說「謝謝」時必須有誠意，發自內心，感謝的語氣中要含有笑意和感激之情，態度要認真、自然、直截了當，不要含糊說一聲，更不要怕客戶知道你在道謝而不好意思；其次，說「謝謝」時應有明確的稱呼，稱呼出感謝人的名字，使你的道謝專一化，如果感謝幾個人，最好一個個向他們道謝，這樣會在每個人心裡都引起共鳴。

再次，說「謝謝」時要有一定的體態，頭部要輕輕點一點，目光要注視著您要感謝的客戶而且要伴隨著真摯的微笑。最後，你可以說：「希望在適當的時候讓我為您出點力，以表示一份感謝的心意」等。

不管客戶是否購買你的產品，都要對客戶說聲「謝謝」，雖然只是簡單的兩個字，卻展示了你的禮貌與教養，同時還能幫你贏得忠誠客戶。

美國一位著名行銷專家說：「一句沒有被促銷資訊汙染的『謝謝』，能夠讓你的業績增長百分之二十五。」

對客戶說聲「謝謝」，其實就是要求銷售人員有一顆感恩的心，感謝每一個關照你的人，這樣你就能夠贏得朋友兼客戶。銷售人員每天要說成百上千句話，為什麼不對你的客戶說聲「謝謝」呢？你想獲得長久的成功嗎？請每天對你的客戶多說能給你帶來成功的「謝謝」。

第四章　懂得產品的介紹藝術——好處說透，益處說夠

銷售員必須透過不斷的努力，使自己成為自己所銷售產品的專家，要花充分的時間了解產品或服務，徹底了解產品的每項細節及市場競爭對手。這樣，你對於所銷售產品的所有特點與利益、優點與缺點、優勢與劣勢都會非常清楚，面對客戶的提問，你的回答就會顯得非常專業，而更容易獲得客戶的信賴。

充分了解產品資訊

消費者有權利了解相關的產品知識，而作為一名銷售人員，你則有義務為消費者弄清產品的相關情況。

1.了解產品相關情況是客戶的需求

雖然不斷增加的產品功能和不斷細分的市場有助於滿足消費者全方位、深層次的需求，但是面對越來越多的同類商品，消費者在需求被滿足之前恐怕首先面對的是迷惑和困擾，也就是來自對產品各種情況的不了解。

任何一位消費者在購買某一產品之前都希望自己掌握盡可能多的相關資訊，因為掌握的資訊越充分、越真實，消費者就越可能購買到更適合自己的產品，而且他們在購買過程中也就更有信心。可是，很多時候消費者都不可能了解太多的產品資訊，這就為消費者的購買造成了許多不便和擔憂。比如不了解產品的用法，不知道某些功能的實際用途，不了解不同品牌和規格的產品之間的具體差異，等等。對產品的了解程度越低，消費者購買產品的決心也就越小，即使他們在一時的感情衝動之下購買了該產品，也可能會在購買之後後悔。

其實，很多人都有過這樣的體驗，到百貨公司去買一些電器產品時，同一種產品總會有至少三種不同品牌的產品，價格不一樣，商家著重宣傳的功能和優勢等也不盡相同。面對這種情況，消費者自然不會輕易決定購買哪種產品。此時，哪種品牌的銷售人員對產品的相關知識了解得越多，表現得越是專業，往往越能引起消費者的注意，而最終，這類銷售人員通常都會用自己豐富

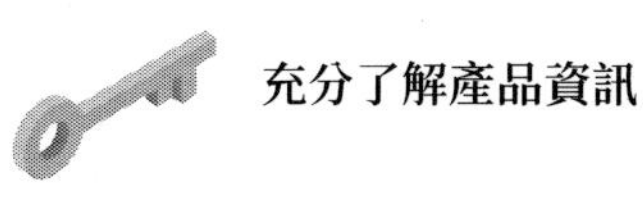

的專業知識和高超的銷售技能與顧客達成交易。

2.了解相關產品知識是銷售人員的基本職責

消費者在購買產品之前有了解更多產品知識的需求，而且這也是他們的權利。

可是，儘管許多商家都把「滿足消費者的需求」這一口號掛在嘴邊，但是在實際生活中，仍然有很多消費者抱怨他們連最基本的了解產品相關知識的需求都不能得到滿足。很多銷售人員不能明確回答消費者提出的有關產品知識的問題，甚至有些銷售人員對產品的基本使用方法都不知道。

有些銷售人員聲稱公司沒有對自己專業培訓過，或者埋怨顧客提出的問題過於刁鑽古怪，或者說自己銷售的同類產品更新速度過快……總之，他們總是有足夠的理由說明自己為什麼對自己銷售的產品知之不多。這些理由顯然都是某些銷售人員不專注於工作的藉口，可惜這些藉口最終都是自欺欺人之談，真正品嘗苦果的仍將是自己，因為市場不相信任何藉口。

從某種意義上說，銷售人員的工作是透過自己的商品知識為客戶創造利益，協助客戶解決問題。為此，銷售人員必須堅持不懈、全方位、深層次掌握充分而專業的產品知識。

3.熟悉本公司產品的基本特徵

熟悉本公司產品的基本特徵，這實際上是銷售人員的一項基本素質，也是成為一名合格銷售人員的基本條件。銷售人員在上任之初就應該對產品的以下特徵有充分了解：

(1)產品的基本構成。

產品名稱、產品功能、技術含量、產品所採用的技術特徵、產品價格和付款方式、運輸方式、產品的規格型號、物理特性，包括材料、質地、規格、美感、顏色和包裝等。

當消費者詢問產品的基本構成情況時，銷售人員不必急於向消費者發出銷售進攻，因為消費者此時只是想了解更多的基本資訊，而不想迅速做出決定。此時，如果銷售人員表現得過於急功近利，反而會引起消費者的反感，這將不利於彼此之間的進一步溝通。

所以，在分析產品的基本構成情況時，銷售人員的表現更應該專業而沉穩，此時銷售人員介紹產品的語言一定要力求簡潔明朗，而不要向消費者賣弄他們難以理解的專業術語。

此時，銷售人員對產品的基本構成分析得越是全面和深入，表現得越是從容鎮定，給消費者留下的印象就越是專業和可靠。建立在這一基礎之上的對話就會比喋喋不休、華而不實的宣傳產品順暢得多。

（2）產品為消費者帶來的價值。

產品的品牌價值。隨著品牌意識的普及和提高，對於很多領域內的產品，消費者都比過去更加注重產品的品牌知名度等。

性價比。這是理智的消費者購買產品時考慮的一個重要因素，在購買某些價格相對較高的產品時，消費者對這一因素的考慮將更加深入。

產品的服務特徵。產品的售後服務已經越來越受到人們的普遍關注，可是產品的服務絕不僅僅指售後服務，還應該包括銷售前的服務和銷售過程中的服務。

產品的特殊優勢。比如產品蘊含的某種新型科技含量、在新功能上的創新等。

所有的消費者在購買產品時都會關注產品為自己帶來的價值，沒有價值的產品，消費者是不會考慮購買的。所以，銷售人員必須站在顧客的立場上，深入挖掘自己所銷售的產品到底能為顧

客提供什麼樣的價值，以及多大的價值。如果銷售人員本身都弄不清楚產品的實際價值，那麼消費者自然不會對這樣的產品抱有任何信心。

4.全面掌握公司的情況

有些銷售人員認為，顧客購買的是產品，又不是公司，所以總是忽略對公司相關情況的了解。其實，對於顧客來說，銷售員代表的就是公司，如果銷售員對有關自己公司的問題不能迅速做出明確回答，那就很容易留下「這個公司的影響力不夠大」或者「公司名聲可能不太好」等印象。

為此，銷售人員應該對公司的具體情況有必要的了解，比如應該了解公司的長遠發展目標或未來發展方向、公司最近的某些重大舉措及其意義、公司的歷史沿革以及過去取得的重大成績、公司主要管理人員的姓名、公司承載的社會責任等。

5.熟知競爭對手的相關資訊

市場競爭的嚴峻性不僅引起了商家的警覺和注意，消費者同樣也已經注意到了日趨嚴重的產品同質化現象。面對越來越多品種的同類產品，消費者無法一一了解不同廠家的產品，於是，很多時候，他們就會向某一公司的銷售人員打聽另外一家公司的情況。此時，如果銷售人員對市場上經常出現的競爭對手不加以留心的話，就無法向消費者提供滿意的答覆。

其實，了解競爭對手的相關資訊，這不僅是應付消費者提問的需要，也是銷售人員更全面把握本企業產品的需要。如果沒有與競爭對手各項情況的比較，銷售人員就無法明確本企業產品的競爭優勢，也無法向消費者傳遞出最有效的產品價值特點。

6.不斷了解產品的相關動態

專業、廣泛而深入的了解相關產品知識，並不是僅僅了解產品的靜態規格與特性就可以了，銷售人員對產品相關知識的掌握其實是一個動態的過程，銷售人員必須要不斷取得和商品相關的各種資訊，並且學會從累積的各種資訊中篩選出商品對客戶的最大效用。

銷售人員掌握這些動態產品資訊的主要管道是企業的相關部門和同事、客戶以及自己對產品的科學分析。如果銷售人員不能及時掌握產品的相關動態資訊，那麼很快就會在客戶不斷改變和增長的需求面前遭到淘汰。

當然，在激烈的市場競爭環境下，很多產品的相關資訊幾乎每一天、每一分鐘都有變化，銷售人員很可能對其中的某些資訊掌握得不夠全面和準確。此時，銷售人員應該實事求是向消費者表明事情的真相，而不應該為了顯示自己的「博學」和「多知」而胡編亂造欺騙消費者，那樣的話，只能使消費者離你更遠。

對產品保持足夠的熱情

為什麼要強調銷售員需保持對產品的熱情？這是因為，銷售人員對產品的態度是否熱情，將影響客戶接下來的決定。那些頂尖銷售人員之所以能夠成功，就在於他們在任何時候、任何情況下都對自己的公司與產品抱有感染人心的熱情，以至於他們周圍的每一個人都不由自主相信他們所推薦的產品是值得購買的。

對產品保持足夠的熱情

在銷售員與客戶對話的過程中，任何一次交易的完成都離不開銷售員和客戶雙方面的努力。只要其中有一方對這些產品或服務的態度不夠積極和熱情，那麼接下來的對話都會缺少互動——如果銷售員對產品或服務的態度積極熱情，而客戶卻反應冷淡，那就無法達到預期的銷售目的；相反，如果銷售員對產品或服務的態度消極冷淡，那麼無論客戶最初的反應如何，這場交易都很難成功。

雖然交易最終是否成功將會受到銷售員和客戶雙方對於產品或服務的態度影響，可是在實際銷售過程當中，人們看到的情況常常是客戶對產品或服務的消極態度，即使客戶對某種產品的功能產生興趣，他們也可能會對產品的價格、品質或其他問題產生疑惑；甚至有時候，即使客戶內心深處已經對產品各方面的條件產生了濃厚的興趣，可是為了獲得更優惠的條件和更周到的服務承諾，他們也會故意表現出對產品的冷淡。面對客戶對產品或真或假的冷淡，銷售人員需要用各種溝通技巧來改變客戶的冷淡態度，盡可能用自己對產品的熱情感染對方，使對方和自己形成一種良好的互動溝通氛圍。

所以，很多時候，客戶對產品的興趣是需要靠銷售人員來培養的，只有銷售員自己對產品具有濃厚興趣，客戶對產品的態度才會由冷淡轉為熱情，才能實現銷售活動的圓滿完成。

銷售人員對自己所銷售的產品或服務是否具有足夠的熱情，這將直接影響客戶對產品的態度，客戶既會被銷售員對產品的熱情所吸引，也會因為銷售員對產品的冷淡和不自信而排斥銷售活動。試想一下，如果銷售員自己都對所銷售的產品沒有太大的興趣，又怎麼能夠說服客戶對產品產生興趣，客戶又怎麼會願意購買這樣的產品呢？

基於以上原因，銷售員在與客戶溝通的時候，必須要表現出自己對產品的濃厚興趣，並且要想辦法將自己對產品的積極態度傳遞給客戶，從而達到促使客戶購買的目的。

如何保持、並向客戶有效傳遞對產品的濃厚興趣呢？銷售人員不妨從以下幾點做起：

1.調整好自己的心態

有些銷售員在與客戶談話之前就開始為一系列問題憂心忡忡——如果客戶百般拒絕怎麼辦？如果銷售不成功問題將會多麼嚴重？越是這樣憂慮，在推銷過程中就越容易出現問題，因為你在憂慮的同時，實際上也將自己的消極情緒傳遞到了客戶那裡，客戶是不會對一個悲觀消極的銷售員所銷售的產品產生興趣的。為此，銷售員應該培養自己積極樂觀的心態，當你的心態變得積極時，客戶自然會受到你的影響。

2.多用激勵人心的語言

盡可能不要用消極、負面的詞語來表達，而應該想辦法將自己的語言轉化為激勵客戶嘗試的訊號。比如，當一位顧客表示某種遙控玩具「價格過於昂貴」時，該玩具銷售人員只說了一句話便令顧客開心購買了此類玩具。他是這樣說的：「現在正規廠家的兒童類玩具普遍價格較高，不過品質非常有保障，而且這種玩具對於培養孩子的思維的確具有重要作用。」

3.在挫折面前堅定信念

有很多被訪問的銷售員都有這樣的抱怨：「現實情況遠非人們最初想像的那樣美好，原本我對銷售工作、對企業以及對自己所銷售的產品都具有十分濃厚的興趣，而且在很長一段時間之內我都對產品保持著十分高漲的熱情。可是現實常常對我的熱情潑冷水，種種挫折已經把我對產品的興趣漸漸磨沒了。我想，在諸多艱難險阻面前，除非意志有如鋼鐵般堅硬，否則無法一直保持對產品的濃厚興趣。」

誠然，現實生活總是會存在很多挫折和不利因素，對於競爭激烈的銷售工作來說尤其如此。客戶的不理不睬、競爭對手的擠壓、企業內部的壓力還有家人的不理解等等，這些都是對銷售人員的積極性和熱忱態度的考驗。如果銷售人員不能承受住這些不可避免的考驗，那就只能垂頭喪氣接受自己不願意接受的現實——一次又一次的銷售失敗。

很多頗具實戰經驗的銷售能手們都表示，他們在銷售過程中遇到的挫折並不比其他銷售人員，但是他們卻能創造出比別人出色得多的優秀業績，原因就是不論遭受怎樣的挫折，他們都不會淡化和放棄對產品的興趣，而且還會透過自己堅持不懈的熱情向客戶證明他們銷售的產品有多麼出色，通常還會使購買這些產品的客戶認為自己花在這些產品上的錢有多麼值得。

熱情來自於你對產品或服務真誠而堅定的信念，客戶對你的產品或服務是否感興趣，很多時候源自於你對產品或服務的態度。說服客戶的往往不是理性的說明，而是你所傳遞給他們的對產品的信念。

評價對手的產品要專業

任何行業都有競爭，尤其是作為銷售員來說，競爭更為激烈。有競爭才會有發展，才會有進步，銷售員要正確看待競爭，不僅僅要對對手的產品有深刻的了解，還要用專業的眼光看待競爭對手的產品。只有盡可能多了解競爭對手的產品，才能更好把握商機、得到客戶、促成交易。

但是在銷售過程中，有很多銷售員的做法是不明智的。當他們在向潛在客戶介紹自己的產品時，常常會忍不住要批評一下對方已經從競爭對手那裡買來的產品。這就好像你去公園散步，一位母親推著一輛嬰兒車，車裡有一個長得很醜的寶寶，這個時候你是不能評論的，只有嬰兒的母親可以說寶寶不夠漂亮，而你也只能聽著。

同樣，如果銷售員評論客戶從競爭對手那裡買來的產品有多差，就好比說客戶的寶寶很醜一樣，這萬萬不能；如果客戶自己談論從競爭對手那裡買來的產品多麼不好，你也不要隨聲附和，因為你們在談話中的任何的負面評論，都有可能被誤認為你產品的缺點，到時候就得不償失了。

那麼，銷售員到底應該怎樣做才能達到用專業眼光去評價競爭對手的產品呢？下面幾個策略如果能靈活掌握，那就是制勝的法寶。

1.承認對手但不要輕易攻擊

毫無疑問，銷售員要盡量避免與競爭對手發生衝突，但是，要想絕對迴避也是不可能的。銷售員如果主動攻擊競爭對手，他將會留下這樣一種印象：他一定是發現競爭對手非常厲害，覺得難以對付。人們還會推斷：他對另一個公司的敵對情緒所以這麼大，那一定是因為他在該公司手裡吃過大虧。買主的下一個結論可能就會是：如果這個廠家的生意在競爭對手面前損失慘重，他的競爭對手的產品就屬上乘，我應該先去那裡瞧瞧。

不要輕易攻擊競爭對手的原則同樣適用於零售商。比如，一個小鎮上只有兩家珠寶店，一個年輕人想買一枚鑽石戒指。如果兩家珠寶商都大肆攻擊競爭對手，對鑽石一竅不通的年輕人聽後會覺得，在這裡買鑽石戒指很可能受騙上當，買到假貨，兩個珠寶商均不可依賴，最好還是去光顧相鄰城裡的首飾店吧。

2.掌握對手的情況

銷售員要密切關注競爭對手的動向，全面掌握競爭產品的情況。這些情況就是其銷售趨勢。競爭對手的最新型號是否已在市場上站住腳，售後服務和發貨速度怎樣，促銷手段和廣告的花費有多大，有何擴銷計畫，有什麼經商習慣，以及他們的真正價格是多少。特別是搞清楚你的競爭對手最大的弱點。

如果銷售員在做每一筆生意時都能找到主要競爭對手是誰，那將大有幫助。這樣你就可以有針對性去介紹產品了。還應當盡可能與競爭對手保持友好關係，其中一個原因是：你說他們的壞話總會傳到他們的耳朵裡，激發他們的幹勁和積極性，使他們在市場上戰勝你。如果你說的壞話沒有事實根據，他們還可能會採取報復措施，因此，一定不要發表拿不出直接事實根據的評論。

3.客觀、公正評價對手的產品

銷售員對於競爭對手的評價，其實最能反映出他的素質和職業操守。銷售員應該保持客觀公正的態度，不隱藏其優勢也不誇大其缺點，讓客戶從你的評價中明白產品的性能，同時還能體現出你的文化修養。

讓自己成為產品的專家

現代行銷觀念裡很重要的一條就是顧問、專家式的行銷。客戶往往強調的是自己的需求，包括產品、產品的創意以及其他和產品相關聯的東西。顧問式行銷的出發點也正是源於顧客的需求，最終的目的是對顧客資訊做研究、回饋和處理。

假設你是一個德國刀具的銷售人員。顧客問你：「這個刀子好在哪？」你說，很鋒利。顧客又問你。如何鋒利？你說是合金鋼做的。顧客又問，用什麼合金做的？你說，不知道，反正這個刀很鋒利就是了。想想看，顧客會怎麼評價你。

對於任何一個銷售員來說，不僅應熟悉自己的產品，更為重要的是應成為產品應用專家，尤其當所銷售的產品比較複雜的時候。

這就要求銷售員要透過各種途徑尋找、收集相應的產品資訊，去閱讀有關的雜誌和書籍、去找那些與產品技術有關的文章、參加行業的專業會議、寫信給專家尋找更多的資訊、每個月花幾個小時篩選你收集到的資料，按順序重新組合……如此等等，並不斷更新自己的產品知識。

1.銷售員成為產品應用專家需回答的問題

客戶為什麼要買我的產品？客戶是怎樣使用我的產品？我的產品對客戶有哪些優點？客戶會從我的產品中獲得什麼？我是否可以熟練解釋產品的特點、它們各自的優點、以及對客戶的利益？我們的產品或服務的特點可以解決客戶的哪些問題？我是否可以發現客戶那裡存在的一些主要問題，而這些問題是我們的產品可以解決的？我是否可以詳細說明和區分我們的獨特賣點？

2.了解行業和競爭情況必須回答的問題

我是否在持續不斷收集、分析競爭對手的行業、產品及動向資訊？我是否可以將自己的服務和產品與競爭對手的區分開來？客戶可能以競爭對手的哪些優點作為拒絕購買我的產品或服務的理由？我如何針對這些拒絕理由回答（當然不同的時候應做些改變）？我是否可以將我的強項和產

品獨特的銷售賣點與客戶的需求聯繫起來？我是否知道競爭對手有哪些弱點，而這些弱點恰恰是我的強項？

總之，優秀的銷售員能夠毫不遲疑回答出客戶提出的任何問題，在必要時，必須準確說出產品的特點，只有具備了豐富的產品知識，才能成為銷售專家，才能信心十足，才能相信自己的產品。

在銷售過程中，做一個顧問式的銷售人員要為顧客收集資訊、評估選擇、減少購買支出，同時還能讓顧客產生良好的購後反應。作為一個銷售人員不能只注重於一次購買行為，而是要透過自己專業的知識和積極的態度，和客戶保持長期合作的關係。以顧客的利益為中心，堅持感情投入，適當讓利於顧客，實現雙贏。

銷售不僅僅是一種職業，更是對人生的一種挑戰，一種在激烈的競爭中自我管理的能力。所以銷售人員必須專業，在力量、靈活性及耐力等方面一定要具有較高的素質。如何才能做到專業呢？大致上有以下幾點要求。

1.顧客不知道的，你要知道；顧客知道的，你知道的要比顧客更詳細。

一個稱職的銷售人員想讓顧客購買你的產品，就應該把話講清楚，尤其是產品的功能和製作原理。想賣給人家刀子，就要懂得合金鋼的原理，對刀的合金成分的比例要清楚。

2.除了知道自己的主業以外，還要知道其他很多周邊的常識。

假如你第一次到臺北來玩，坐上了一輛計程車。你在路上隨便指著一棟建築，問問司機，司機卻說自己不知道，司機只負責開車，只知道路怎麼走，對臺北卻不是很了解，你會怎麼看這個司機？是不是覺得這個司機很不稱職？所以，一個合格的銷售人員不但要對自己本行業的專業知識有深刻了解，還要對產品周邊的常識做一些常識性的了解。不但要專業，還要多元化。

3.你是幫客戶「買」東西，不是「賣」東西給客戶。

余先生經常到國外旅遊，他說過這樣一件事，相信會對銷售人員有所啟發：

在歐洲喝咖啡，咖啡廳的工作人員教會了他很多喝咖啡的知識，比如喝咖啡是品咖啡，不能一口氣喝光；喝咖啡不能吹，不管多燙都不能一面喝一面吹。可是在很多咖啡廳裡，服務人員看到客人出洋相還在一邊「幸災樂禍」：「不會喝就不要喝啊，裝什麼蒜？」你說，這是一個行銷人員該說的話嗎？讓客人聽到了誰還會來啊？一個銷售人員必須具備幫助顧客的心態，而不是說：「你會不會喝，這是你的事，我的目的就是把咖啡趕快賣給你。」

4.你的客戶是永遠的客戶，而不是只來一次。

臺北的誠品書店排名亞洲第一，全天營業，地板純實木，非常乾淨，顧客可以坐在地上看書。書店裡有油畫、鮮花、咖啡及優雅音樂，而且每週還有名人講座。最難得的是，顧客只要能說出這個世界上已經出版的任何一本書，工作人員都會想盡辦法幫你找到。所以，很多高層人士一有閒暇就來這裡。因為，經營者知道：客戶不是只做一次的，而是做永遠的。

現在社會發展速度非常快，人們的素質越來越高，銷售員面對的客戶越來越多是受過良好教育和具有更多需求的客戶。他們往往會提出更苛刻的問題並要求對他們的問題提供更加精確的解決方案。而且，在講究效率的時代，客戶也希望與組織良好、見多識廣、能用戰略解決複雜需求的銷售員打交道。因此，銷售員日益成為客戶需求和問題的診斷師。越來越多的銷售員認識到，成為產品專家與他們所銷售的產品品質同等重要。

揚長避短介紹產品

銷售員向客戶介紹產品是促成成交的關鍵部分，如果銷售員在介紹產品時，不能讓產品的價值和優勢打動客戶，那麼接下來的工作將會非常被動。所以，銷售員介紹產品要能夠揚長避短，針對客戶需求中的關鍵部分介紹產品的功能，以此來贏得銷售的成功。

銷售員小徐是銷售鬧鐘的，現在，他在向客戶介紹他的產品：

「這是我們公司最新推出的新型多功能鬧鐘：它可以定時，還具有備忘錄功能，您只要提前設置，那麼它就會在您設置好的時間提醒您注意；您還可以根據自己的喜好選擇不同的鈴聲，這裡面一共收入了三十六種悅耳的鈴聲；另外，這種鬧鐘還具有計算功能，有了它您就不必再另外購買計算機了……而且，它擺放方便，既可以擺在書桌上，讓您在讀書寫作時對準確時間一目了然。當您外出旅行時，它還可以折疊起來放到枕邊床頭，非常方便。」

「是嗎？有這麼好的鬧鐘？好，我用用看。」客戶買了兩個，一個自己用，一個給女兒用。

銷售員小周是銷售筆筒的，他在向一家科研公司介紹他的產品：

「您看這款筆筒的造型多可愛呀！如果把它放在您公司員工的辦公桌上，那將是一道多麼優美的風景線！我想整個辦公室的氣氛也會因這個小小的筆筒而變得更加活躍的。而且現在購買的話，我們公司將會有八折的優惠。可以說這種筆筒是目前市場上難得的、真正物美價廉的好產品。」

客戶聽完後回答道：「對不起，我們公司一向提倡嚴謹務實的工作作風，而且我們公司一向都從實力雄厚的供應商那裡直接採購。所以，我們不需要貴公司的這種價格低廉、造型滑稽的產品。」

經過前期的接觸、溝通和了解，客戶對於銷售員及其所在的公司已經沒有了過多的疑慮。此時，銷售工作便進入了實質化的階段，客戶的注意力開始轉到產品上來，銷售員這時的說服技巧將受到更大的考驗，不僅需要向客戶提供相關資料，還需要讓客戶知道你可以怎樣滿足他們的需要。

這一階段，儘管客戶的疑慮已經大大減少，但並不意味著已經認同了自己對所銷售產品或服務的需要。銷售員還必須讓客戶知道，購買這些產品或服務能夠帶給他們哪些好處，這些好處正是他們所需要的。這就要求銷售人員必須首先明確，自己銷售的產品或服務能夠帶來怎樣正中客戶下懷的優勢，而不僅僅是告訴客戶產品具有的特徵。那麼，銷售員在介紹產品時如何打動客戶，以滿足其需求呢？

1.將產品特徵轉化為產品益處

銷售員在向客戶介紹產品之前要弄清楚，哪些是產品的特徵，哪些又是產品的益處。一般來講，產品的特徵就是指關於產品的具體事實，比如，產品的功能特點、產品的具體構成等；而產品的益處是指產品特徵對客戶的價值，比如，某項產品特徵如何使客戶的某種需求得到滿足，或者某些特徵可以改善客戶處境等。

而對於銷售員來說，在介紹產品時，就要把產品特徵轉化為產品益處。如果不能夠針對客戶的具體需要說明相關的利益，而只是介紹產品的具體特徵，客戶就不會對這種特徵產生深刻印象，更不會被說服購買。而針對客戶的需要強化產品的益處時，則可以引起客戶的注意和興趣，有助於銷售目標的實現。

當然，銷售員需要注意的是，說明產品益處時，必須針對客戶的實際需求展開。如果銷售員提出的產品益處不符合客戶的需要，那麼這種產品的益處再大、再多，也不會引起客戶的購買興趣。

2.掌握有效說明產品益處的方式

銷售員可以結合「說」與「做」兩種方式來向客戶展示產品的益處。用合適的語言和出色的表達方式向客戶表述購買產品為其帶來的好處即為「說」，而透過實物或模型展示以及其他行動，向客戶展示產品的用途或其他價值即為「做」。

一般來講，無論銷售員以何種方式向客戶展示購買產品的好處，通常情況下都要圍繞著以下幾方面展開：省錢、高效率、方便、安全、舒適、愛、關懷、成就感。

「望、聞、問、切」銷售產品

在銷售中，很多銷售員總是執著強調自己產品的優異、價格的低廉和服務的完善，因此陷入了一種誤區，那就是忽視了客戶真正的「關心點」。所以，優秀的銷售員一定要比一般人更懂得察言觀色，才能夠抓住不同客戶的購物心理。

小張是一家服裝店的銷售員，這天服裝店來了三位客戶，是一位老太太領著一對年輕男女。

小張熱情迎了上去：「你們要買些什麼呀？」

「買條褲子。」老太太接著回頭對這對男女說，「這裡商品多，你們仔細看看，有沒有喜歡的。」小張心想，原來是婆婆帶著未來兒媳婦來買褲子，於是指著貨架上各種褲子說：「這些都是今年流行的款式，看中哪一款，可以拿下來試一試。」但見三個人都默不作聲抬起頭。小張這時發現，老太太的目光總是停留在兩百多元一條的褲子上，而女生卻目不轉睛盯住四百多元一條的褲子。男生的眼睛一會兒看看老太太，一會兒看看女孩，滿臉左右為難的神色。

看到這裡，小張心裡有了數，她先對老太太說：「這種兩百多元的褲子，雖然價格便宜，經濟實惠，但都是用混紡面料做成的，一般穿穿還可以，如果要求高一些恐怕就不能使人滿意了。」接著，她又對姑娘說：「這種四百多元的褲子，雖然樣式新穎，但顏色比較深，年輕姑娘穿恐怕老氣了點，不太合適。」

說著，小張取出一條三百多元的褲子說：「這種褲子品質不錯，而且這個顏色是今年的流行色，許多人競相購買，現在只剩下這幾條了，您不妨試穿一下。」一席話，使得氣氛頓時活躍起來，老太太眉開眼笑，姑娘喜形於色，男生轉憂為喜。女生試穿後，也十分滿意，老太太高高興興付了錢。

所以在介紹產品時，銷售員不僅要知道產品的優點，更要知道客戶的關心點。只有根據客戶的關心點來確定介紹的側重點，也就是按照客戶、使用者的利益關注點來介紹產品，才能取得更好的效果。

一般來講，銷售員向經銷商銷售產品和向直接使用者銷售產品是不一樣的。

1.向經銷商介紹產品

在向經銷商銷售產品時，他們關心的是：該產品怎麼能說明自己多賺錢？經銷商經營產品的目的是賺錢，針對這一點，銷售員在向經銷商介紹產品時，要先簡單說明產品是做什麼用的，主要的用戶或者消費群是什麼，接著就要介紹這種產品在流通過程中可獲得的利潤怎麼樣，再接著圍繞流通環節的價差展開說明，最後再來介紹一些售後服務方面的事項。

介紹過程中，經銷商能獲得多大的價差是向經銷商介紹產品的另一個重點，其中價差又分為直接價差與間接價差。直接價差就是產品買進賣出的差額；間接價差是本產品帶動其他產品銷售時，其他產品的價差。

銷售員如果不明白經銷商最關心的地方，往往還沒有向經銷商介紹完產品，就被趕了出來。有的銷售員一上來就向經銷商報價，一聽「這麼貴，賣不出去！」馬上就會陷入僵局，不知道怎麼繼續往下說了。其實按照以上的關鍵思路可以這麼說：「老闆這裡也有一些價格較高的產品，不也賣得很好嗎？我們關注的是銷量，您關注的是價差。」「價格貴不影響我們做生意，只要您可以獲得一定的價差，還是可以賣出去的。」另外，還可以接著說「我借您管道，您借我產品，大家一起賺錢嘛。」

2.向直接使用者介紹產品

如果銷售員面對的是最終的使用者，那客戶一般最關心的地方是，使用該產品能帶給他什麼好處、哪些好處又是他現在正需要的、價格在不在自己的接受範圍之內。針對這一特點，銷售員向使用者介紹產品的一般步驟是：先介紹某類產品的功能，再介紹本產品的特點，接著將本產品的特點與客戶關注的利益點聯繫起來，最後解答一些技術問題與售後服務問題。在向使用者介紹產品時，最難之處是判斷用戶的關注點或利益點。

一個好的銷售員應該借鑑中醫的治病篇言—「望、聞、問、切」來向使用者和客戶銷售產品。

望——觀察客戶，一眼識別客戶的層次、素質、需求、喜好等。

聞——認真傾聽客戶的敘述，耐心聽，用心聽。客戶往往沒有耐心為你多講幾遍，重要的地方反覆強調，有些時候客戶甚至會隱藏他的真實需求，這就更需要聞的藝術。

問——客戶只知道他目前需要購買東西解決問題，卻不知道買什麼與怎樣做，這就需要銷售員擔當策劃師的角色，為他提供全面、準確、最適合的策劃方案。如何做好這個策劃，就需要多了解客戶的需求。不然的話，你可能提供的是最好的，卻不一定能提供最適合的。

切——客戶的表白、回答都不一定是正確的，一定要實際考察客戶的狀況，從真實中了解。

學會讓數字為你說話

在銷售過程中，銷售員經常遇到這樣的問題：為什麼我已經把產品的基本資訊傳遞給了客戶，客戶卻遲遲不給我消息？我的資訊沒有絲毫虛偽和誇張，客戶為什麼對我的產品不感興趣？面對這樣的疑慮，別說銷售員很困惑，就是讓客戶自己回答，恐怕都很難說出個一二。這個時候就需要銷售員用一組資料說明產品，才能夠打消客戶的疑慮，增加客戶的依賴。

數字以它特有的魅力和力量默默陪伴我們，相對於蒼白的語言，更有說服力。用數字說話，既顯得專業細緻，又能給人最基本的信任感。

拿破崙有一次檢閱軍隊，按照慣例，指揮官跑到拿破崙面前，以非常清晰的口齒報告：「報告將軍。本部已全部集合完畢。本部官兵應到三千四百四十四人，實到三千四百三十八人。請你檢閱。」

拿破崙非常滿意，點點頭說：「很好。」然後又回頭對他的參謀說：「記住這個指揮官的名字，數字記得這麼準確的人應該受到重用。你們以後也得向他學習，盡量用精確的數字說話，不要用大概、可能、也許、差不多這樣的話。」

這位博得拿破崙好感的指揮官，乾脆俐落說出了部隊官兵應到實到的人數，顯得非常專業、細緻。用數字說話，既顯得專業，又能給人最基本的信任感。

目前，越來越多的商家已經注意到用資料說話的重要性，所以在廣告宣傳中，很多商家都運用資料來說話。比如：

「科學證明，我們的電池能待機七天。」

「我們的洗衣粉能去除百分之九十九的汙漬。」

「我們已經對全國超過一千名使用者進行了連續一個月的追蹤調查，沒有出現任何品質問題。」

因為在客戶看來，口說無憑的介紹是沒有任何作用的，也不能刺激他們的購買欲望。現在人們對產品的要求越來越高，當然也不僅僅局限在銷售員的空口無憑，但是當銷售員用資料來展現給客戶的時候，就很有說服力了。

雖然用資料來說服客戶和很多銷售技巧一樣，具有很好的作用，可以增強產品的可信度，但是如果使用不當，同樣會造成極為不利的後果。如果單純羅列資料，不僅達不到預期的效果，而且還會令客戶感到眼花繚亂，會使客戶感覺你的介紹非常單調，有時還會讓客戶產生你在故意賣弄的想法。

就如同人們說話時運用修飾語一樣，恰如其分的修飾可以使你的表達更加形象生動，也可以向人們表明你的文采和才華。但是，如果張口閉口都是華麗的辭藻，那你就會留下華而不實、故意賣弄學問的不良印象。

要想讓你的資料說明具有更強勁的說服力，銷售人員首先要挑選合適的時機。比如當客戶對產品的品質提出質疑時，你可以用精確的資料來證明產品的優秀品質。同時，銷售人員還要注意適度運用資料，要懂得適可而止，不要隨意濫用。還要注意的是，有很多相關資料是隨著時間和環境的改變而不斷發生變化的，比如產品的使用年限和具體的銷售資料等。所以銷售員必須及時把握資料的更新和變化，力求提供給客戶最準確、最可靠的資訊。

銷售員在運用精確資料說明問題、企圖讓資料更有說服力的時候，有下列幾點能夠參考。

1.保證資料的真實性和準確性

銷售員運用精確資料說明問題的目的就是要引起客戶的重視，並增強客戶對產品的信賴，如果使用的資料本身不夠真實和準確，那就會失去其原本意義。況且，一旦客戶發現這些資料是虛假或錯誤的，他們就有充分的理由認為銷售人員及其所代表的企業在欺騙和愚弄消費者。這種印象一旦產生，會迅速對銷售人員及企業帶來極為不利的影響。

2.權威機構證明產品

權威機構已經在客戶的心裡留下了根深蒂固的印象，因此用權威機構來證明產品更有影響力。因為權威機構是某一領域具有威信的部門，所以他們做出的證明或承諾是經得起客戶考驗

的。如果客戶對產品的品質或其他問題存有疑慮，銷售人員可以利用這種方式來打消客戶的疑慮。比如：「本產品經過某協會的嚴格認證，在經過了連續X個月的調查之後，某協會證明本產品是完全經得起市場檢驗的。」

3.名人效應也能說明問題

銷售人員總希望自己的產品能夠留下很深刻的印象給客戶，在列舉了大量資料後，銷售人員可以藉助那些影響力較大的人物或事件來加以說明，用此來增加客戶對你的成交量。例如：「這是上屆某會議的指定產品。」「某名人從XX年開始就一直使用我們公司的產品，到現在為止，他已經和我們公司建立了XX年零X個月的良好合作關係。」

一次示範勝過萬語千言

展銷法是一種常見銷售方法，但其具體的方式和內容十分繁雜，從商品陳列、現場示範，到時裝表演、商品試用，均可視為展銷法。其主旨就是力圖讓客戶親眼看到、親耳聽到、親身感受到產品的精美和實用，把產品的特性盡善盡美表現出來，以引起客戶興趣。

示範的作用有兩個方面：一是介紹產品，有助於彌補言語對某些產品，特別是技術複雜的產品不能完全講解清楚的缺陷，使客戶從視覺、嗅覺、味覺、聽覺和觸覺等感覺途徑形象的接受產品，達到口頭語言介紹所起不到的作用；二是證實作用，耳聽為虛，眼見為實，直觀了解勝於雄辯。

我們都知道，興趣是促使客戶產生購買行動的重要原因。但是每個客戶的興趣不同，這需要銷售員深入思考和不懈努力，掌握多種方法去激發客戶興趣的產生，並引導興趣直至促成購買。

在銷售訪問的開始階段，為了引起客戶的注意，銷售員利用語言抽象介紹了商品的某種特性，產品的特性宣傳形成了客戶興趣的基礎。要繼續保持客戶的注意力，強化客戶興趣的產生，銷售員就應進一步證實這些具體特性確實存在，且能為客戶相信並採納。

銷售說明有多種方式，如陳述、展示等。什麼是最有說服力的說明？答案是—範例。如果你講了一個關於客戶是如何讚賞你的產品或服務的範例，或是一個從售前到售後的經歷，你就能輕鬆將故事與簽約聯繫起來。相對於你平淡無奇的陳述，人們更願意相信發生在自己身邊的事情。當你用一些範例作說明時，你無疑是在採取他們最為信任的一種說明手段。

當你所談到的真人真事（儘管有些戲劇化）與你現在的潛在客戶很相似時，客戶就漸漸把自己融入角色中。透過細節的描繪、激情的迸發及色彩的顯示，你的潛在客戶仿佛看見了布景，感受到了動作，他在不自覺中就會向你所要表述的問題靠攏。

因此想在銷售中說服客戶，必須想方設法滿足客戶「眼見為實」的心理要求，讓他們自己親身體驗，自己說服自己。

在示範過程中，銷售員運用多種方法向客戶展示商品的特性或優點，對方的興趣才會油然而生。銷售員在向客戶示範說明時，通常會使用以下幾種示範方法：

1. 體驗示範法

就是在銷售過程中讓客戶親自接觸產品，直接體會產品的利益與好處。激發客戶興趣的關鍵，在於先使對方看到購買的利益所在。只要條件許可，應盡量讓客戶參與體驗示範，尤其是機

械產品、電子產品，應當滿足客戶親手操作的願望，讓客戶參加體驗要比銷售員自己示範更能引起客戶的興趣。

2.寫畫示範法

寫畫示範法是一種獨特的示範方法，有時銷售員可能無法攜帶實物樣品，不能作實物展示和操作講解，但只要銷售員掌握了產品的資料和圖片，同樣可以把所要銷售的產品介紹給客戶。值得注意的是寫畫示範的目的在於證明你在銷售訪問之初向客戶介紹產品的特性，藉以引起客戶對產品的興趣，因此只要寫畫出你想說明的東西就夠了。

無論銷售哪種產品都可以作寫畫示範。對於客戶來說，產品越新穎、越精密複雜就越有必要把你的銷售介紹具體化。銷售員如會畫畫，他們可以在客戶面前利用一些圖案來加強自己的表達能力和說服能力。

銷售員示範時，首先要明確示範目的。示範是銷售員向客戶提供的一種證據，示範之前，一定要明確產品要證實什麼事實的目的。第二，不管客戶是否熟悉產品，銷售員都要示範，並且越早越好。第三，在使用中示範。銷售員不僅向客戶介紹產品的外觀，還要讓客戶目睹產品的使用情況。第四，讓客戶親自參與，一起實踐。第五，要突出重點。示範時間不可太長，太繁瑣，要抓住商品的主要特徵集中示範。

優秀的銷售員應當明白，任何產品都可以拿來作示範。而且，在十分鐘所能表演的內容比在一個小時內所能說明的內容還多。無論銷售的是商品、保險或教育，任何產品都有一套示範的方法。應該把示範當成真正的銷售工具。

無形的產品也能示範，雖然比有形的產品要困難一些。對無形的產品，你可以採用影片、圖表和相片等視覺輔助用具，至少這些工具可以讓銷售員介紹產品的時候不顯得單調。

優秀的銷售員一般都隨身攜帶紙和筆，知道如何畫出圖表、圖樣或是簡單的圖像來加強說明自己的論點。優秀的銷售員怎樣使他們的示範發揮最大的作用呢？

1　先把示範時所用的台詞寫下來。除了如何講、如何表達之外，還有動作的配合，有些地方可能沒有台詞，只有動作，客戶順便可以鬆口氣。

2　要預先練習示範過程。把設計好的整個示範過程反覆演練。請你的家人、同事或經理來觀看，提出意見。要一直演練到十分流暢和逼真，而且使觀眾覺得很自然為止。

3　要隨時記住「客戶至上」。要以客戶為核心，讓他明白你的產品究竟會帶給他什麼好處。

4　盡量讓客戶參與示範。

5　在客戶開始厭倦之前就把產品拿開，這樣可以增強客戶擁有這個產品的欲望。

6　在示範說明的時候，要讓客戶同意你所提到的每一項產品優點。

7　示範產品的時候，要表現出珍重愛護的態度，如鞋店的銷售員拿鞋給客戶試穿之前，要把鞋子擦亮；珠寶商將展示的珠寶放在天鵝絨上面等。假如你的產品十分輕巧，拿的時候要稍微舉高，並且慢慢旋轉，好讓客戶看清楚。要不時對自己的產品表示讚賞，也讓客戶有機會表示讚賞。

8　要在示範中盡量使用動作，別只是展示你的產品；要示範產品給對方看，不要只是展示圖表。

9　假如你的產品無法展示出來給大家看，可以打個比喻，或讓他聯想，使他能獲得生動的理解。

讓客戶愛上你的產品

銷售員到底是銷售什麼呢？銷售大師給出的答案是，我們是銷售一種產品的用途。如果你能讓客戶愛上你的產品，那麼他們唯一會做的就是把你的產品買下。想辦法讓客戶喜歡上你的產品，那麼你銷售的產品就幾乎可以說是成功了。掌握了這一點，你也許就不必再費盡口舌向客戶鼓吹你的產品了。

有一位電視機銷售員不僅賣電視機，還兼做修理電視機的生意。當客戶打電話叫他去修理電視機時，他就問電視機出了什麼問題？待客戶回答後，他又接著問是什麼牌子的電視機，已經用了多少年？然後他說他馬上到，同時他還帶去一台電視機，這樣在舊電視機被送去修理時，客戶可以有電視看。

客戶要修理的也許是一台年代已久的彩色電視機，螢幕小，色彩不夠豔麗。就在客戶原來放舊電視機的那個地方，這個賣電視機的商人替客戶裝上了一台價值幾百美元的彩色電視機，又大又氣派。不過，他並沒有說賣給客戶，他只是借給客戶看一看，讓客戶體驗新彩電的那種感覺。

等到那台舊電視機修好的時候，分期付款合約也已經準備好了。而此時客戶早已迷上了那台新彩電，根本沒有人捨得把它退回去，這樣它就名正言順成了客戶自己的財產。

如何讓客戶戀上你的產品？首先讓客戶親自操作，更加詳細、全面和實際了解某品牌產品的功能與獨特的優點。而一般的品牌產品只把樣品擺在商場，客戶無從了解其操作是否簡捷。讓客戶自己挑選，在購買前先學會如何操作，必將給客戶一種強勢刺激，當他想購買此產品時，這種品牌必將成為首選。

第五章　適時闡述自己的觀點——主動進攻，迂迴前進

在商業溝通中，迂迴戰術往往是最有效的溝通方式。當你所期待的客戶提出你無法滿足的要求，你面臨的是進退兩難的境地：要麼進，對峙；要麼退，妥協，可妥協會使企業利益受損。唯有避開對方的鋒芒，引導你的客戶走一條雙贏的道路。如何運用溝通技巧，正確把握「進退原則」是溝通中的重中之重。

換個角度說服客戶

銷售員以刺激客戶的購買欲望為目的售出產品。很多時候銷售員已作出了令客戶信服的示範，但是客戶仍舊無動於衷，這時候銷售員必須掌握刺激客戶購買欲望的方法。巧妙向客戶說明他在購買產品以後將感到滿意，並從中得到樂趣，得到好處，有物有所值甚至是物超所值的感覺。

如果客戶說：「每間辦公室都裝上日光燈當然好啦。其實那並不是為了好看，而是使整個辦公室看上去整潔光亮，更具有現代社會的氣息。既然甲先生他們安裝了一套新的日光燈，我們當然不能不加考慮就信口拒絕。何況，光線好對眼睛也有利。不過，安裝日光燈的費用一定很大吧？」

銷售員回答說：「那得看您如何算這筆帳。日光燈耗電少，使用壽命長，因此，它的費用僅僅是……」銷售員的回答合情合理。客戶本來就很想購置日光燈，但就是下不了決心，聽了銷售員的解釋疑慮全消除了。

「如果安裝這種新的傳送帶，我們幾乎就得改變整個生產程序。當然我們也希望設備現代化，這可以提高我們的生產效率。但是，我們的情況有點特殊，壓力也很大。我們只完成了客戶訂貨的一半，而交貨日期又日益迫近。我對您的建議倒是非常感興趣。不過，我真不知道如何辦才好。」這說明客戶的購買欲望已承受到了刺激，不過還沒有完全被說服，因此他沒有作出購買決定。

「這個問題確實值得您認真考慮一下。」銷售員冷靜的說，「您決定把引進合理作業系統的時間推遲到什麼時候呢？我們可以算算這筆帳，如果您不購買這種傳送帶，那就要浪費很多時間。就按目前的薪水來算吧，加起來是……」他們兩個人一起計算，計算的結果使客戶清楚認識到沒有傳送帶的話成本更昂貴。這樣一來，他不僅想購買傳送帶，而且視為當務之急。

1　銷售員必須刺激客戶對他所銷售的產品產生濃厚興趣。靠拼湊一些符合邏輯的理由，是無法激發客戶的購買欲望。說服客戶最好的也是最直接的辦法是向客戶示範產品的特徵，使客戶意識到購買該產品以後他將獲得許多樂趣。

2　銷售員必須使客戶感到確實需要這種產品，並且迫切想購買。購買欲望不是來源於理智，而是來源於情感，刺激客戶的購買欲望不同於向他證實他對產品有某種需要。許多家庭都需要比較高級的家用電器設備，然而有的家庭卻覺得沒有那些設備反而更好。刺激客戶，使他們產生購買欲望非常重要。

3　銷售員要盡量以理服人。在通常情況下，當客戶購買某一貴重產品，或者購買足以改變某種生活習慣的產品時，僅僅靠刺激客戶的購買欲望遠遠不夠。如果銷售員已經成功刺激銷售客戶的購買欲望，就應將銷售工作繼續向前推進一步，讓客戶相信他的購買行為是理性的，並不是一時衝動。話不在多，有理就行。

在客戶不是為自己購買，而是作為代理人替他人或者公司購買的情況下，合理性就顯得特別重要，原因是他要向他的主顧或公司證明其購買決定是正確的。在這種情況下，如果銷售員用講道理的方式向客戶證明，他的購買行為一定會達到他所期望的效果，那客戶的購買欲望就會增強。「如果我的公司拒絕購買這一產品，別人會如何看待我呢？」客戶會經常向自己提出這樣的問題，銷售員也應該考慮到這一點，使他相信，他的購買決定不僅在情感上是合理的，在理智上也是正確的，並且能夠得到大家的一致認可。

巧用退而求其次的策略

客戶常常表現得比你更有耐性、更堅決，因為他們有多種選擇。你也可以為自己創造多種選擇的機會——如果某種期望已經沒有實現的希望，那不妨在另外一種期望上獲得客戶認同。

一些銷售人員常常在與客戶進行過一番溝通之後才感覺到，自己低估了客戶的談判能力。客戶步步緊逼，根本不給自己絲毫喘息的機會，銷售人員常常會被這種「來者不善」的客戶「逼」得無路可走。此時銷售人員會發現，客戶擺在了我們面前一個非常殘酷的問題：要想獲得A條件，那就必須在B問題上做出讓步；如果想要在B問題上占據上風，那就必須放棄A條件；如果堅持幾種條件同時實現，那麼就只能放棄交易。

這種選擇對於銷售人員來說常常是十分艱難的，對於那些準備不夠充分的銷售人員來說更是如此。因為準備不夠充分的銷售人員在與客戶周旋時，本來就沒有太大的伸縮空間，被迫放棄自己設計好的任何一種條件，對於他們來說都不啻於魚與熊掌的抉擇。例如：

銷售人員：「如果您對這種產品的各項條件感到滿意的話，那我們就可以商量合約上的細節問題了。」

客戶：「談到合約，我想知道你們對於付款方式一般有著怎樣的要求？」

銷售人員：「哦，您知道，在這一行業幾乎一直以來都採用先預付一半貨款再發貨的慣例，另一半貨款則要在三個月貨到確認沒有問題的三個月之內付清。」

客戶：「關於這個問題，我必須強調兩點：第一，我們要求先發貨，後付款，我們會在貨到之後檢查沒有問題的一年之內付清全部貨款；第二，如果你們一定堅持先付一部分預付款的話，那產品的價格必須再下調五個百分點。」

銷售人員：「可是我們早已經敲定了產品的最後成交價，而且這個價格已經不能再調了，如果再低的話，那我們就是在做賠本生意了。」

客戶：「那就必須按照我們的要求，先發貨，後付款，全款一年內付清。否則就沒有再談下去的必要了。」

相信不少銷售人員都遇到過類似於上例中的難題，遇到這種難題，無論哪種選擇都不會令自己感到滿意，因為每一種選擇都意味著銷售人員必須放棄此前設想好的一些其他期望，否則的話，就會影響整個銷售過程的順利。不過，很多經驗豐富的銷售高手們會提前考慮這類情況的出現，他們會針對這些情況做出必要的準備，如此一來，當客戶讓他們在魚與熊掌之間做出抉擇時，他們會另闢一條蹊徑，從而達到「柳暗花明」的目的。

銷售人員：「只要您現在簽合約，並且支付一半預付款的話，那我們會在二十四小時之內將產品免費送到您指定的地點。」

客戶：「如果覺得這次合作愉快的話，我們會考慮今後一直使用你們公司的產品。不過，我們公司從來沒有過先付一半預付款的先例，如果你們堅持先收一半預付款的話，那商品的價格就必須進一步調整，否則我們就會首先考慮另外一家公司的產品。」

銷售人員：「產品的價格已經不能再低了，就是這個價格我們公司能夠獲得的利潤已經相當微薄了，所以請您體諒體諒我們的困難。關於預付款的問題，公司一直都是這樣規定的，而且在行業內幾乎已經是約定俗成的事情了。當然了，如果貴公司覺得一半預付款有些多的話，那我們可以將預付款調整到百分之三十，不過剩餘款項的結清時間就要從一年提前到半年。您認為是提前預付百分之三十、半年付完全款合適，還是提前預付百分之五十、一年付完全款合適呢？」

像上例這種將球踢給客戶的做法適用於很多情況，這樣一方面可以使自己不必陷入客戶設置的艱難抉擇當中，一方面還有利於促進交易的迅速完成。雖然上面的方法有許多好處，但是如果客人員咄咄相逼之時，銷售人員如果堅持己見，那麼最後只能與客戶不歡而散，最終的結果是，不僅這次交易沒有達成，而且此前花費大量時間和精力建立的客戶關係也會遭到一定程度的損害。所以，為了良好客戶關係的持續發展，為了實現企業的長期利益，銷售人員可以在一些無傷大局的問題上做出適當退步。

銷售人員還應該認識到一點，客戶之所以會針對某些條件針鋒相對的擠壓，無非是為了實現自身利益最大化。在弄清這一點之後，銷售人員可以提前針對客戶關注的主要問題做充分準備。比如客戶關注的是產品的品質和價格，那麼銷售人員就可以透過事先準備好的各種論據讓客戶相信，他們提出的價格在市場上只能買到品質較差的產品，而要想購買到你們提供的高品質產品，就必須支付不能低於某一標準的價格。同時，銷售人員可以提供多種價格水準（自然不同的價格水準能購買到的產品品質也有一定差別）的不同品質產品讓客戶參照，這樣一來，客戶就會在要求銷售人員讓步的時候做好心理準備，而不會一味要求按照自己提出的條件來交易。

除了在客戶關注的主要問題上做好充分準備之外，銷售人員還應該根據實際情況在自己關注的問題上提出超出自身期待的要求。比如，你關心的是產品的價格和付款期限，那麼可以先提出自己理想中的價格標準和付款期限，這樣的話，當客戶提出條件時，你的讓步就更富於彈性。例如，你期望的價格底線是每箱貨一千元，付款期限是不超過一年，那麼您可以這樣與客戶溝通：「我們的產品價格是每箱貨一千五百元，有很多大客戶一直以這個價格源源不斷購買我們公司的產品，他們因此獲得的利潤是巨大的。付款期限最好在三個月以內，因為時間太長的話，我們公司的資金周轉就可能面臨問題了。」這樣，銷售人員就有了更大的後退空間，不至於在面臨抉擇時顧此失彼。

對於退而求其次的策略，並非是應付客戶要求時完全被動的方式。如果運用得當，銷售人員完全可以利用這種方式獲得更大的利益。如何巧妙運用這一方式獲得更大利益呢？

轉移客戶關注的焦點，然後在一些無關緊要的問題上做出適當讓步，這就是一個避免被迫抉擇的好技巧。運用這一技巧的關鍵是如何將客戶關注的焦點轉移到那些無關緊要的問題上。

這時，銷售人員需要假裝對雙方都比較關注的問題不在意，甚至根本就略過不談，而把其他自己不太關心的問題置於比較引人注目的地位，讓客戶在你不太關心的細枝末節上大下工夫，而無暇顧及彼此都十分關注的問題，如價格等。具體如何實施這種技巧，可以借鑑下例中銷售人員的做法：

銷售人員：「這週是本公司促銷活動的最後一週了，您現在可以做出決定了嗎？」

客戶：「我還想認真考慮一下。」

銷售人員：「好的。這麼說，您對這種產品還是很感興趣的？」

客戶：「是有一點興趣，不過我需要花點時間好好想一想。」

銷售人員：「您不是隨便敷衍我的吧？」

客戶：「當然不是，我會認真考慮的。」

銷售人員：「好，我想您肯定還對這種產品有些不放心？是害怕我們不能按時交貨嗎？」

客戶：「是有一些這方面的擔心，你們的交貨週期通常是多長？」

千萬不要低估客戶的談判能力，提前準備好應對客戶可能提出的難題。如果出現魚與熊掌不可兼得的局面且沒有迴旋的可能，那當然要按照利益最大、損失最小的原則來抉擇。退一步海闊天空，不要因為自己的固執而破壞大局的長遠發展。在重要問題上堅持到底，在次要問題上有選擇、有技巧讓利給客戶。把客戶的注意力轉移到那些無關緊要的細枝末節上去，讓他們無暇關注你在意的重要問題，這樣你即使讓步，也不會有太大損失。

把握銷售主動權

作為一名合格的銷售員，你應該在銷售中始終把握主動權。引導客戶按照你的意圖思考問題。你必須完全控制場面，並在最後達成交易，因此你要盡一切可能把銷售透明化，然後「引導」客戶作出購買決定。

和一些客戶做生意時，銷售工作就像時鐘一樣精確，似乎你和客戶都在按部就班回答一份筆試考題；和另一些客戶在一起，則需要更多激發他們購買的欲望，這些客戶願意購買，卻又擔心花冤枉錢。如果這時讓銷售失控、漫無目標的話，那就是怠忽職守；如果客戶緊張不安、遲疑不決的話，那就是銷售員沒有向他們提供足夠好的服務。

「在過去幾年中，保險業發生了很多變化。如果你不介意的話，我想花幾分鐘時間簡單回顧一下我認為與你有關的情況……」以此作為開篇，銷售員可以接著解釋客戶能從保險中得到什麼好處，客戶為什麼應該購買分期保險等等。「現在，讓我告訴你一些重要的稅率變化，我相信它對你有所幫助。」

隨後，他又說：「我想問你幾個問題，以便我能更了解你，並且提出我的建議。」他的問題是：「你的工作性質是什麼？」「你的年收入大致多少？」「你對孩子的教育有什麼計畫？」「在過去的三年裡，你看醫生一般是出於什麼原因？」注意，在提問的時候，銷售員要引導客戶輕鬆對待你的問題。這種運用得當的控制技巧代表著一種高水準的專業銷售能力。

你必須事先充分了解自己的業務知識，否則客戶就會明顯感到你毫無準備。胸有成竹不僅可以使你贏得客戶的尊敬，而且有助於更好掌握銷售控制權。

舉個例子來說，房地產經紀人不必去炫耀自己比別的經紀人更熟悉市區地形。事實上，當他帶著客戶從一個地段到另一個地段看房的時候，他的行動已經表明了他對地形的熟悉。當他對一處住宅作詳細介紹時，客戶就能認識到銷售員本人絕不是第一次光臨那處房屋。同時，當討論到抵押問題時，銷售員所具備的財會專業知識也會使客戶相信自己能夠獲得優質的服務。

專業知識精深的銷售員一旦被認為是該領域的專家，他們的銷售額就會大幅度增加。比如，醫生依賴於經驗豐富的醫療設備銷售代表，而這些能夠贏得他們信任的代表正是在本行業中成功的人士。因此，一些銷售員總是利用誘人的頭銜把自己打扮成專家，他們的名片上沒有「銷售員」的字眼，卻把自己稱做什麼諮詢專家、管理員和顧問等等。當然，頭銜本身並不代表著成功，雖然那些言過其實的證件能夠讓你有機會踏進客戶的門檻，但是客戶看清你的底細只是個時間問題。

有時銷售員會領著上司去拜訪客戶。「這位是我們的地區總裁斯科特先生，他想和你交換一些你可能感興趣的意見。」這是一種「請來專家」的策略，客戶也往往願意聽專家的看法。如果來人名副其實的話，客戶不僅願意傾聽，而且會作出購買決定。但是如果來人徒有虛名，很快就會被客戶看穿。

如何把握銷售主動權呢？

1　始終對客戶一張笑臉。客戶越是冷淡，你就越以明朗、動人的笑容對待他，這樣一來你在氣勢上就會居於優勢。

2　在未能吸引客戶的注意之前，銷售員都是被動的。所以，應該設法刺激一下客戶，以吸引對方的注意，取得談話的主動權之後，再執行下一個步驟。

3　使用「刺激法」固然可使客戶較易產生反應，然而對銷售員而言，這是極冒險的銷售方法，除非你有十成的把握，最好不要輕易使用它。因為在刺激客戶時，稍有一點閃失就會弄巧成拙，傷害到對方的自尊心，導致全盤皆輸。

4　不管你銷售什麼產品，人們都尊重專家型的銷售員。每個人都願意和專業人士打交道，客戶會耐心坐下來聽專家講話。這是掌握銷售控制權最好的方法。

5　銷售員要想使自己說出的話透出權威的氣息，就不僅應當掌握產品知識，而且應當掌握法律與稅務方面的專業知識。因為銷售產品常常會涉及很多問題，如合作者之間的買賣協定等等，所以銷售員具備上述領域的知識和能力至關重要。尤其是一些精明的客戶，他們更看重銷售員的敏銳眼光，並且依賴銷售員的權威意見。

提出超出底線的要求

如果您想得到百分之百，那麼你最好提出百分之兩百的要求；如果您只提出百分之百的要求，那您最多能得到百分之八十的滿足。這是商業談判中的一條鐵律。

1.事先確定一個合理的底線

銷售人員與客戶之間的溝通有時表現為相互進攻，有時表現為各自堅守陣地，更多的時候，是進攻與防守的結合運用。例如：

銷售人員：「如果購買量達不到一百箱的話，那就不能享受八折優惠。」（「一百箱的銷售量」屬於進攻行為，「八折優惠」為防守策略。）

客戶：「如果這種產品的價格不能享受七折優惠的話，那我就只能選擇其他產品。」（「七折優惠」是進攻行為，「不購買產品」為防守策略。）

在進攻與防守策略靈活運用的各個環節當中，銷售人員應該學會掌控整個溝通局面，而不要使自己被動圍著客戶提出的種種條件團團轉。要想掌控全域，在每次與客戶談話的過程中，銷售人員都需要在關鍵問題上事先確定一個合理的底線，比如產品價格不能低於多少、不符合某種購買條件時不提供某種免費服務、客戶最晚不超過多長時間付清貨款等等。

如果不能事先確定一個底線，那麼在與客戶溝通的過程中，銷售人員就很容易處於被動局面，這樣就容易使自己和公司喪失許多利益，導致雖售出產品卻賠錢的情況。如果銷售人員準備充分，事先確定了一個合理的底線，那麼在與客戶溝通時就會擺脫被動局面，有效實現自身利益和公司利潤。

一般在設置談判底線時，銷售人員需要注意以下問題：

（1）利益最大、損失最小原則。

這裡所說的利益，包括銷售人員個人的人格、尊嚴、經濟利益等，也包括銷售人員代表的公司利益。如果不能使自身獲得利益、減少損失，那麼這樣的底線就沒有絲毫意義。

（2）考慮客戶的接受範圍。

銷售人員及其所代表的公司與客戶之間的關係應該是一種雙贏關係，客戶可以滿足自身的某種需求，銷售人員及其所代表的公司可以獲得一定利潤。只有實現這種雙贏，才能達成交易，並且維持更持久、密切的客戶關係。如果銷售人員只考慮自己的利益最大化，而絲毫不顧慮客戶的要求，只能使整個推銷過程陷入僵局。所以，設置底線時，銷售人員不僅要考慮自身利益，同時還必須結合客戶情況來調整。

（3）盡可能堅持底線。

在確保底線設置合理的前提下，一旦確定底線，那麼無論客戶提出怎樣的條件，銷售人員都要盡可能堅持底線。如果超出了底線，那麼寧可失去客戶，因為當銷售人員輕易放棄底線之後，客戶恐怕還會一而再、再而三要求讓步，這並非是客戶得寸進尺，而是銷售人員的表現激勵著他們爭取獲得更大的利益。

2.讓你的要求盡可能超出底線

通常情況下，銷售人員不可以在溝通之初就向客戶表明底線。經驗豐富的銷售高手們都知道，要想在滿足底線的前提下爭取到更大的利潤，就要提出超出底線的要求。簡單來說，如果你想將產品至少賣到十美元，那麼你在第一次報價時，一定要報出超過這個底線的價格。

如果過早提出自己的最低目標，那不僅會失去獲得更大利益的機會，而且還會使整個銷售過程缺少互動。而對於客戶來說，如果銷售人員在提出之後，就再也不做絲毫讓步，即使銷售人員的要求比較合理，客戶也會感到不滿意。如果銷售人員先提出較高的要求，在經過幾次努力之後，讓客戶得到一定程度的優惠，客戶會因此而感到滿意，儘管達成交易的條件實際上仍舊超出銷售人員的底線。當然了，銷售人員不能盲目漫天要價，那無異於將客戶趕出門外。

評估自己銷售的產品或服務，設定一個既能實現自身利益又可以讓客戶接受的底線。底線的設置不僅僅局限於產品或服務的價格，還包括預付款、成交額等等。要有技巧提出要求，既要超出底線，又要保證客戶有興趣繼續與你對話。要在提出的要求與底線之間有目的、有技巧的讓步，不要讓客戶產生「施一點壓力就能獲得一部分讓步」的感覺。不要冒著破壞長期客戶關係的風險追求一次交易的巨額利潤。

適度運用「威脅」策略

可以運用另外一種方式達到目的，這種方式就是告訴客戶，如果他不購買你的產品，那他就會遇到怎樣的麻煩或問題。

像很多商家開展的「限期促銷活動」等，除了可以創造一種熱烈的銷售氣氛之外，所謂的「限期」其實都在向客戶傳遞一種「超過期限就不能享受如此優惠」的意義。而消費者也對商家有意無意傳遞的這種意義心知肚明，所以很多消費者都會選擇在節日或企業推出的促銷活動期間「瘋狂購物」，即使需要排隊等待也樂此不疲。

與商家集中組織的這類活動相比，銷售人員個人與客戶談話時，可能要面臨更多的客戶異議，因為客戶此時不是主動購買，而是需要銷售人員的說服。如何說服他們下定決心呢？也許任憑銷售人員說盡產品的益處，客戶也無動於衷。面對這種情況，銷售人員必須改變策略，至少不要讓自己的說服形式過於單調，而向客戶提出「假如此時不購買我們的產品，您將會受到……損失」的暗示，就是一種打動客戶的有效方式。

在這類暗示時，銷售人員首先要弄清楚客戶最關注的產品優勢是什麼，不要在一些客戶不太關心的細枝末節上大費周折；同時，銷售人員在對話過程中必須客觀暗示，絕不可以用謊言欺騙客戶；另外，銷售人員必須在尊重和關心客戶的基礎上，有技巧的說服，否則可能引起客戶的強烈不滿。

合理而巧妙的暗示可以堅定客戶購買產品或服務的決心，而且還可以促使客戶更主動縮短溝通時間。所以，掌握這種說服技巧不僅有助於銷售人員增加銷售業績，而且還可以提高自己的工作效率。

羅成是某保健器材的銷售人員，他在一位元老客戶的介紹下認識了某公司的李總。羅成在見到李總之前就得知，對方對父母的健康非常在意，而且只要認準了產品就不會在價格上斤斤計較。

當羅成與李總寒暄過後，羅成向李總介紹了這種保健器材的一些功能和特點，李總說他目前沒有這方面的需要，如果有需要的話，他一定會與羅成聯繫的。羅成聽出，李總是在下逐客令。可是羅成並沒有在意，他又說：「聽說您的母親就要過七十大壽了，人生七十古來稀呀，不過以您母親的身體狀況就是再活七十年也沒問題呀！」

李總聽了慨嘆道：「哎，雖然我母親保養得一直很好，可是畢竟年齡大了，身體一日不如一日了呀，最近就時常有些小毛病。」

羅成說：「其實老年人身體狀況不好光靠吃藥是沒用的，關鍵還是要經常做些有益的活動，這樣一來可以增加身體的抵抗力，二來還可以使他們在運動的過程中保持良好的心情。」

李總仍然神色嚴肅說：「以前他們也出外參加一些活動，可是最近他們自己總覺得太累，再說我也怕他們到外面活動出現什麼問題不方便及時處理。這個問題困擾我很久了。」

羅成接著說：「我們公司的產品正好可以幫您解決這個難題……」

在說明了使用這種保健器材的一系列好處之後，羅成看到李總已經有了點購買產品的意思，他想現在應該是趁熱打鐵的時機了，於是他又說：「如果您不能在母親七十大壽的時候送給他一件有意義的禮物，那她一定會很失望的。而這種保健器材不僅可以讓她老人家感受到您的孝心，而且每次看到它時，老人家都會想起自己這個值得紀念的生日。這種保健器材我們銷售部只剩下三台了，如果您現在不買下的話，等到您想買的時候恐怕就要賣完了，到時候只能等公司總部發貨過來。如果那樣的話，那您一定會感到遺憾的。」

「好吧，我現在就要貨，你先把它送到我的辦公室，我想等母親生日那天給她一個驚喜。」牛總已經迫不及待了。

除了從產品或服務中獲得某種利益或者降低一定成本之外，客戶在購買產品或服務時可能還會考慮一定的安全或健康需要。當發現客戶對產品或服務可以滿足的安全或健康需要比較關注時，銷售人員可以巧妙提醒客戶，如果不及時購買此類產品或服務，那麼他們將失去重要的安全或健康保障，這種反方向的說明往往更能觸動客戶的內心。

銷售人員應該如何利用這種正反結合的說服方式呢？

沒有人願意被威脅，客戶更是如此。這裡所謂的「威脅」策略與惡意的恐嚇沒有任何關係，而是銷售人員透過基於客戶需求的認真分析，對客戶的善意提醒。當銷售人員告訴客戶，他此時不購買產品可能會失去某些利益時，對客戶的觸動可能要比告訴他這種產品多麼好更大。「威脅」策略應該與產品益處說明等正面說服方法相互結合，否則的話，就會引起客戶的不安，造成對話中出現不愉快的局面。

應付客戶推託的藉口

在銷售過程中，客戶總能想出一些藉口理直氣壯拒絕你。如果不掌握一些訣竅，客戶的這些藉口往往很難應付，很多銷售員每每因為客戶的藉口鎩羽而歸。因此對於銷售員來說，學一些應

對客戶藉口的技巧是非常必要的。

常常有客戶把店裡的商品翻來覆去看上半天，你也做了大量推銷工作，他卻藉口沒有帶現金、信用卡，不肯付一筆訂金。要是花了一個小時左右的時間推銷，而他還是這樣，你就不應該放他離去。因為一旦離開，他很可能再也不回來了。人們雖然嘴上說沒有帶錢，實際上卻不可能兩手空空回家去。

當客戶說沒帶錢的時候，我們怎麼辦呢？

1 面對客戶說買不起的時候。客戶說「我買不起」、「太貴了」、「你開價太離譜了」、「我不想花那麼多錢」、「我在別的地方花比較少的錢也能買到」等等。這種情況下，也許客戶真的買不起。所以，有必要做一些試探。如果他說的是實話，那就可以介紹別的價格低一點的產品；而當客戶囊中羞澀時，他們只會想到自己買還是不買，所以此時不必努力解釋你的產品品質多麼出眾。如果客戶真的急需，或者認為花錢花得值的話，他們是不會提出價格異議的。

2 處理價格異議的方法。把費用分解、縮小，以每週、每天甚至每小時計算。例如，標價為一萬八千美元的車，按月付款的話，每月只需一千五百美元，一年就可還清。按天計價的話，只付五十美元！當你說每天只需付五十美元時，價格聽起來就便宜多了，而客戶也就會感到買得起了。

「先生，按照每月付款方式，您只需每月支付一千五百美元，也就是說，每天還不到五十美元。可是，想一想駕駛這輛車的無窮樂趣吧。你買得划算，不是嗎？」這樣一來客戶就會忘記他們「沒錢」，而將汽車買下了。

3　面對客戶其他一些拒絕的理由。比如客戶說「我得和我丈夫（或妻子）商量商量」、「我得和我的朋友討論討論」、「我要和我的律師分析分析」等等。能夠避免這種藉口最好的辦法就是搞清楚誰是真正的決策人或者鼓動在場的人自己做主。

例如：「格林先生，我會在星期六下午兩點準時到您的辦公室，我建議您讓那位朋友也在場。」如果他回答：「我在就行。」那你就要趕快把握機會、留住客戶，這樣一來，客戶也就無法避免要自己決定了。

這種技巧在向已婚夫婦銷售時同樣有用。「先生，您認為有必要請您的太太也在場，一起決定嗎？」如果他說「是」，那你最好讓他太太也到場。

對客戶的反應做出準確的判斷

仔細觀察並思考，應對客戶的不同反應。銷售人員在與客戶溝通的過程中，必須注意客戶的反應，對客戶的不同反應採取相應的措施，如果銷售人員沒有在這方面做任何準備，那麼在遇到客戶提出異議、不滿以及拒絕時，就會感到措手不及。

有這樣一個故事：

在某個星期天，一位年輕的牧師開始他生平第一次講道，他的心情無比激動。但是，情況並不像他預料得那麼好，整個教堂只坐了一個人，顯得空蕩蕩的。於是，牧師很失望，就問那個人：「你覺得我該怎麼辦呢？」

那個人回答道：「我不大清楚，我只是一個養牛的。不過，如果我的牧場只有一頭牛的話，我還是會餵養他的。」

於是，牧師便走向講壇，然後開始滔滔不絕講道，把他早已準備好了的講詞熱情講了一遍。完畢後，他問那個人：「你覺得怎麼樣？」

那個人回答：「我不太清楚，我只是一個養牛的。不過如果我發現牧場只有一頭牛的話，我是不會把全部的飼料都塞給牠的。」

上面這個故事告訴人們，當你與人溝通時，一定要細心觀察對方的反應，並根據對方的反應，來確定你下一步策略，否則你做什麼都沒有用。所以，優秀的銷售員會細心觀察客戶的反應，留心客戶的一舉一動，了解客戶的需求和購買傾向，採取相應的對策來增加交易成功的機會。

與客戶面對面溝通時，客戶的反應是不同的。當客戶不斷提問題時，表示客戶對你的產品或者服務具有高度興趣，你只要針對問題給予專業性的解說，讓客戶獲得滿意的答案就可以了。反之，則表明客戶對你的產品或服務缺少興趣。

判斷客戶是否專注傾聽你的話，可以從他的眼神中判斷出來。如果客戶的眼神隨著你的說明正視你或者產品，代表對商品有興趣；如果客戶的眼神漂浮不定，那麼代表客戶對你或者你的產品不在乎、關心度低。

另外，如果客戶提出了各種條件，如討價還價、要求贈品等，這是很明顯的購買訊息，要把握好成交時機。如果客戶對你的介紹和成交價格沒有提出任何要求，說明客戶無意成交。

銷售人員了解客戶的種種反應後，應該結合實際情況，根據不同客戶的反應採取靈活技巧加以應對，主要應對技巧如下。

1.應對客戶對產品的質疑

對產品提出各種各樣的質疑是大多數客戶在購買產品之前都會有的反應。面對客戶提出的種種質疑，銷售員要表現得信心十足，同時端正態度，向對方傳遞出良好的信譽資訊，拿出可以證明產品優勢的真憑實據，然後在這一基礎上根據客戶提出的不同意見來洽談。當然，客戶有時提出質疑只是其他問題的藉口，比如說，客戶說產品的品質不好，可實際上他更關心的是產品的價格。所以要弄清楚客戶真正擔心的因素，才能有效解決客戶質疑。

舉例而言，一位打算買冰箱的顧客指著不遠處的另一個展台，對銷售人員說：「那種ＸＸ牌的冰箱和你們的這種冰箱是同一類型、同一規格的，但它的製冷速度比你們的快，雜訊也比你們的小，看來你們的冰箱不如ＸＸ牌的啊。」

銷售人員答道：「你說得沒錯，我們的冰箱雜訊是大了一點，但是仍然在國家標準允許的範圍內，不會影響你和家人的生活與健康。我們的冰箱製冷速度慢，可耗電量比ＸＸ牌的少得多。再說，我們的冰箱在價格上比ＸＸ牌的便宜得多，而且保修期比他們長六年，還是上門維修。」

客戶聽後，臉上露出滿意的神情。

2.應對客戶的直接拒絕

遭到客戶直接拒絕是銷售員常遇到的情況。應對這樣的客戶，最重要的是在溝通之前明確對方的要求，然後透過最簡潔的方式指出對方的要求。當然，你要時刻保持最親近的微笑和最周到的服務，俗話說「伸手不打笑臉人」，你對客戶的態度特別好時，他們也許會對你以禮相待。

如果客戶說：「我沒有時間！」銷售員可以說：「我能理解，不過只要三分鐘，你就會相信，這是個對你絕對重要的議題。」

如果客戶說：「我沒有興趣！」銷售員可以說：「是，我完全理解。對一個手上沒有資料又不相信的事情，你當然不會立刻就產生興趣，有疑慮是自然的。讓我來為你解說一下吧，你什麼時間合適呢？」

3.應對不做任何反應的客戶

客戶拒絕或者提出質疑都不是最可怕的，因為銷售人員可以根據客戶的反應，掌握一定的資訊，有助於下一步行動的展開。但如果客戶沒有反應，一言不發，臉上沒有任何表情，銷售人員就無法掌握進一步行動的資訊。

面對客戶不做任何反應的情況，銷售員不應該再繼續介紹產品，而應該想辦法藉助提問或者表示親近的方式，引導客戶參與到對話中來，只要客戶參與進來，下一步的工作自然就可以展開了。

找到客戶最關心的點

銷售員在面對新客戶時，應該盡快找出客戶最關心的利益點是哪一項，這樣你就可以在客戶的購買誘因上做文章，成功達到銷售的目的。

可以這樣說，客戶如果決心買一種產品，那麼一定是這個產品有吸引他的地方，如果銷售員能夠找到客戶的那個利益點，也就是常說的客戶購買產品的主要誘因，那麼你的銷售一定會更順利。

有這樣一則故事：有一位房地產銷售員帶著客戶去看一座待出售的房子。當太太發現這房子的後院有一棵非常漂亮的櫻花樹時，銷售員注意到這位太太興奮的告訴她的丈夫：「你看，院子裡的這棵櫻花樹真漂亮。」而這對夫妻進入房子的客廳後，他們顯然對這間客廳裡掉漆的地板有些不滿意。這時，銷售員就對他的客戶說：「這間客廳的地板是有些掉漆，但你知道嗎，這幢房子的最大優點就是當你從這間客廳向窗外望去時，可以看到那棵非常漂亮的櫻花樹。」

當這對夫妻走到廚房時，太太抱怨這間廚房的設計不合理。這個銷售員接著說：「但是當你做晚餐的時候，從廚房向窗外望去，就可以看到那棵櫻花樹。」這對夫妻走到其他房間，不論他們指出這幢房子的什麼缺點，這個銷售員都一直說：「是啊，這幢房子是有許多缺點。但您知道嗎，這房子的最大優點是其他房子所沒有的，那就是您從任何一間房間的窗戶向外望去，都可以看到那棵非常美麗的櫻花樹。」這個銷售員在整個看房過程中一直不斷強調院子裡那棵美麗的櫻花樹，他把這對夫妻所有的注意力都集中在那棵櫻花樹上了。當然，這對夫妻最後買了那座有櫻花樹的舊房子。

在銷售過程中，我們面對的每個客戶心中都有一棵「櫻花樹」。而我們最重要的工作就是在最短的時間內找出那棵「櫻花樹」，然後將客戶所有注意力引到那棵櫻花樹上，那麼客戶就自然而然會減少許多抗拒。

舉例來說，一個銷售最新電腦財務軟體的銷售員，必須了解客戶為什麼會購買他的軟體。當客戶購買一套財務軟體時，他可能最在乎的並不是這套財務軟體能做出多麼漂亮的圖表，或是哪個知名企業用了這套軟體，最主要的目的可能是希望能夠用最有效率的方式，得到最精確的財務報告，節省更多的開支。所以當銷售員向客戶介紹時，如果只把注意力放在解說這套財務軟體如何使用，這套財務軟體能夠做出多麼漂亮的圖表，可能對客戶的影響並不大。如果你告訴客戶，只要花多少錢買這套財務軟體，可以讓他的公司每個月節省多少錢的開支，或者增加多少元的利潤，他就會對這套財務軟體產生興趣。

如何找到客戶最關心的點呢？

1 找出客戶購買此種產品的主要誘因是什麼，以及客戶不購買這種產品最主要的抗拒點是什麼。一般來說，客戶在購買某種產品的時候，都有一個最重要的購買誘因，同時也有一個最重要的抗拒點。如果能夠找出這兩點，把自己所有的注意力都放在讓客戶了解並且相信這種產品所能夠帶給他們的利益點，並且有效解除他們購買產品時主要的抗拒點，那麼客戶就會購買你的產品。

2 在銷售過程中，我們應將大部分的注意力放在找出客戶的需求和我們的產品能為客戶提供什麼，從而盡可能找出客戶購買這種產品最主要因素所在。

3 我們的產品所具有的優點可能有十項，而真正能夠吸引客戶的可能只有其中的一項或兩項。所以我們必須花費百分之八十以上的時間詳細解說這一項或兩項的優點，並讓客戶能夠完全接受與相信，那麼我們對於客戶的說服力也就相對增加了。

讓客戶說出願意購買的條件

雖然客戶已經提出了一大堆拒絕購買的原因，可是這並不意味著你的產品達不到對方的理想要求。聰明的銷售員會暫時不去考慮客戶提出的一大堆拒絕理由，而是想辦法讓客戶說出他們期望中的產品應該包含哪些特徵。如果客戶願意開口說出自己期望的產品特徵，那麼就意味著你已經穿過了客戶鑄造的銅牆鐵壁，找到了一條通往成功的道路。

當客戶說出願意購買的產品條件時，銷售人員首先要在內心對比客戶的理想產品要求和本公司的產品特徵，明確哪些產品特徵符合客戶期望，哪些客戶要求難以實現。在一番客觀合理的對比之後，銷售人員就要針對能夠實現的產品優勢勸說客戶。

例如：「您提出的產品品質和售後服務要求，我們公司都可以滿足。您可以親自感受一下產品的質地和製作工藝……我們公司為客戶提供的服務專案包括很多種，如……」

在強化能夠實現的產品優勢時，銷售人員必須表現出沉穩、自信的態度，而且必須保證自己的產品介紹實事求是。同時，還有一個問題需要銷售人員注意：你要強化的是產品的優勢，而不是最基本的產品特徵，介紹這些優勢時必須圍繞客戶的實際需求展開，要從潛意識裡影響客戶，讓客戶感到這些產品優勢對自己十分重要。

如果客戶發現，你銷售的產品在某些方面達不到客戶理想的產品要求，此時要主動出擊，以免客戶步步相逼而使自己處於被動地位。比如，當你的產品價格達不到客戶要求的水準時，你可以運用以下方法來弱化客戶的異議：

1.化整為零

在某個街頭的廣告柱上寫著這樣一段話：「這塊地段租金每天為零點五六歐元。」這個數字看起來不算大，但實際上人們需要支付的租金應該是零點五六歐元×所租地段面積×租用天數，折合下來是一筆非常高的數目！也許這塊看板可以帶給許多銷售人員啟示。

2.只提差價

這種方式適用於很多銷售場合，例如：「只要多付五百元，您就可以享受道地的愛爾蘭風情。」、「您提出的價格只能獲得比這個小三號的沙發，可是那樣的話您的客廳就顯得不夠氣派了，只要多付一千五百元，您就可以讓您的整個房間顯得更尊貴，何樂而不為呢？」

3.比較。

這要求銷售人員對自己的產品有相當程度的理解，而且這種理解必須要符合大多數人的生活習慣。例如：「這種款式的車雖然耗油量大，可是從它與同類型車的比較中不難發現，如果把其他車高出的價格用到這款車的耗油上，您就已經節省了兩年的油費！」、「您只要每天少抽一支菸的話，就有購買這款產品的錢了！」

第六章　進退有度的溝通之術——有效應對客戶的技巧

在商業競爭日趨激烈的今天，要想真正做到「以客戶為中心」，就要經常換位思考，站在客戶的立場上考慮問題。如果銷售人員能站在客戶的角度，按照客戶的要求去考慮問題。提供服務，將心比心，以心換心，客戶是永遠不會將你拒之門外的。

銷售語言要有針對性

由於每一次銷售都有其特定對象、時間、地點、目標和內容，所以，只有綜合考慮這些影響銷售的因素，並據此來確定最終的銷售語言風格，這樣才能發揮銷售語言的作用。

不同的顧客，在購買動機、性格習慣、收入水準、文化水準、年齡、性別等方面都有所不同。某種風格的語言和銷售方式很可能適合於某一類或幾類顧客，但不可能適用於所有的顧客。只有選擇顧客最熟悉、最容易接受的語言，才能有效說服顧客。不同的時間和場合，由於顧客的需求強度不同、要解決的問題不同、洽談環境不同、洽談氣氛不同，自然也會要求不同的談話方式和內容，需要使用不同的語言藝術。

一名優秀的銷售員知道見到什麼人說什麼話，他們往往能夠靈活隨機應變。對於那些不知變通的銷售員來說，則應該改變自己死板的銷售方法，學習人家的靈活機動。比如說，對待傲慢的客戶，你可以採取欲擒故縱的語言技巧加以應對，讓他摸不透你的心思。

在現實中，碰上傲慢可憎的人，有的業務員會掉頭就跑，也有的業務員知難而上，去征服對手。其實，不管是可親的，還是可憎的客戶，你都必須喜歡他，這是做銷售的痛苦所在。

遇到難纏的人，不能放棄，要知難而上，相信再頑固的堡壘也能被你攻克。總之，銷售員既要注重方法，又要有鍥而不捨的精神。

喚起注意——學會與人拉近關係

說客套話的目的無非是為了與客戶拉近關係，拉近關係是交際中與陌生人溝通情感的有效方式。拉近關係的技巧就是在雙方的經歷、志趣、追求、愛好等方面尋找共同點，誘發共同語言，為交際創造一個良好的氛圍，進而贏得對方的支援與合作。

對銷售人員來說，與顧客的關係拉近了，才能更加詳細介紹自己的商品來吸引顧客，顧客的注意力被吸引了，才可能對產品產生興趣，而引發購買的欲望。誰能快速拉近與顧客的關係，誰就擁有更多的商機。以下是銷售人員常用的幾種拉近關係的技巧。

1.使用簡明的開場白

為了吸引顧客的注意力，在面對面的洽談中，說好第一句話是十分重要的。開場白的好壞，幾乎可以決定一次銷售訪問的成敗。好的開始是成功的一半。大部分顧客在聽銷售人員第一句話的時候要比聽後面的話認真得多，聽完第一句話，很多顧客就自覺或不自覺決定了盡快讓銷售員離開還是準備繼續談下去。

專家們在研究銷售心理時發現，洽談中的顧客在剛開始的幾秒鐘所獲得的刺激，一般比後十分鐘裡所獲得的要深刻得多。開始即抓住顧客注意力的一個簡單辦法就是，去掉空泛的言辭和一些多餘的寒暄，開始幾句話必須十分重要、非講不可，表述時必須生動有力，句子簡練，聲調略高，語速適中。開場白就使顧客了解自己的利益所在，也是吸引對方注意力的一個有效的思路。

2.透過提問了解顧客的需要

提問是引起顧客注意的常用手段。在銷售訪問中，提問的目的只有一個，那就是了解顧客的需要。「你需要什麼」，這種直接的問法恐怕顧客自己也不知道需要什麼。

銷售人員在向顧客提問時，利用適當的懸念以勾起顧客的好奇心，是一個引起注意的好辦法。通常提問要確定三點：提問的內容、提問的時機、提問的方式，此外，所提問題會在對方身上產生何種反應，也需要考慮。恰當的提問如同水龍頭控制著自來水的流量，銷售人員透過巧妙的提問得到資訊，促使顧客做出反應。

3.巧言打動顧客的心

一位櫃檯前的銷售員在賣皮鞋，他對從自己的櫃檯前漫不經心走過的顧客說了一句：「先生，小心別跌倒。」顧客不由得停下來，看看自己的腳面，這時銷售員趁機湊上前來，對顧客一笑：「你的鞋子舊了，換一雙吧！」

一位遠道而來的銷售商與客戶洽談，為了吸引對方的注意，他很喜歡用這樣一句話來開始他所銷售的產品：「說真的，我一提起它，也許你會不耐煩而把我趕走的。」這時顧客會很自然的做出如下反應：「噢？為什麼呢？你直說吧！」不用多說，對方的注意力已經一下集中到客商以下要講的話題。

4.用旁證引起對方的興趣

在喚起注意方面，銷售人員廣泛引用旁證往往能收到很好的效果。一家著名的保險公司常常在自己的老主顧中挑選一些合作者，一旦確定了銷售對象，公司徵得該對象的好友某某先生的同

意，上門訪問時他這樣對顧客說：「某某先生經常在我面前提到你！」對方肯定想知道到底說了些什麼，這樣雙方便有了進一步商討洽談的機會。

激發客戶的興趣

銷售過程中你必須努力製造趣味盎然的氣氛，這樣無形中就會拉近你與客戶的距離。在很多時候能否激發出客戶的興趣，已經成為銷售成功與否的關鍵。

銷售的關鍵是說服，但如果你與客戶的商談缺少趣味性和共通性，那銷售的成效就會大打折扣。因此作為一名銷售員，你必須懂得迎合客戶的興趣，投其所好。興趣，對於客戶來說同等重要；沒有興趣，一切事情都無法順利完成。因此在銷售中，激發客戶的興趣顯得尤為重要。

山姆在紐約經營一家高級的麵包公司，他一直想把自己的麵包銷售給紐約的一家大飯店。他一連三年打電話給飯店經理布林先生，甚至會長時間住在飯店裡，以求談成生意。而不管山姆怎樣努力，布林先生卻從未把心思放在山姆公司的產品上，山姆百思不得其解。後來他終於找到了問題所在，立即將以往策略通通改變，開始去尋找布林先生感興趣的事情。

山姆打聽出布林是一個名為「美國旅館招待者」組織的骨幹成員，最近剛剛當選為主席。於是他再次拜訪布林時，就與布林大談關於「美國旅館招待者」組織的事情。布林先是有些吃驚，然後就與山姆熱情交談起來，話題自然都是有關這個組織的。談話結束後，布林還給了山姆一張該組織的會員證。這次談話中山姆根本就沒有談到任何有關麵包的事，但幾天之後，飯店的廚師打電話給山姆，要求看看麵包的樣品和價格表。

投其所好，是銷售中的重要策略。一次簡單的談話將耗時三年都沒有進展的事情輕易解決了。投其所好，對對方最熱心的話題或事物表示出真摯的熱心，巧妙引出話題後，多多應和，表示贊同。

從上面的例子中可以看出，激發客戶的興趣確實是促成銷售的重要因素之一。那麼激發客戶興趣的方法有哪些呢？

1　幽默。幽默是具有智慧、教養和道德的表現。在人們的交往中，幽默更是具有許多妙不可言的功能。幽默的談吐是銷售場合必不可少的，它能使得銷售中嚴肅緊張的氣氛頓時變得輕鬆活潑，它能讓人感受到說話人的溫厚和善意，使他的觀點變得容易讓人接受。

幽默能活躍交往的氣氛。各方正襟危坐，言談拘謹時，一句幽默的話往往能妙語解頤，使來賓們開懷大笑，氣氛頓時就活躍起來了。

幽默的語言能立即解除人們的拘謹不安，能使尷尬的場面變得輕鬆和緩，它還能調解小小的矛盾。

幽默還能被用來含蓄拒絕對方的某種要求。如美國有位總統在當海軍軍官時，有一次一位好友向他問及有關美國新建潛艇基地的情況，他不方便正面拒絕，就問道：「你能保密嗎？」「能！」對方答道。他笑著說：「你能我也能！」對方一聽，就不再問及此事了。

2　講故事。將故事講得精彩是一門藝術。有的銷售員能將故事講得生動有趣，而另一些人的冗長乏味則會讓你厭煩不已。平淡無趣的故事對你的生意成交起不到絲毫作用，有特色、有風格的故事才能為你的聽眾帶來笑聲。

3　具有演員的本領。對於成功的銷售員來說，一種類似於演員的本領必不可少。很多

時候，你必須把一些平淡無奇的話變得極富感染力，這可以在很大程度上創造出歡娛的氛圍。

雖說銷售員不是演員，但你必須朝演員的角色靠攏，這是形象的創造，是提升客戶興趣最好的途徑。實際上最成功的銷售員如同演員一樣，遵循著一個共同的原則，即排演、再排演。

讓客戶笑了就好辦

心理專家的研究結果顯示：人在傾聽時的注意力每隔五至七分鐘就會有所鬆弛，要想使人重新集中精力，就需要對他們做一些相應的刺激，為其製造一些興奮點，以此來轉移他們的注意力。同樣，在銷售人員向客戶銷售商品的時候，他們也會出現疲勞狀態，那麼銷售員該如何去刺激他們呢？最好的方法是在談話中適時插入一些幽默風趣的言辭，這對於消除對方的心理疲勞有很大的幫助。而且即使在正常情況下與顧客的談話中，幽默風趣的語言也能輕鬆贏得對方的好感，並能促成交易的達成。當然銷售員的幽默不應該是單純的為幽默而幽默，所說的言辭、所講的笑話都要有的放矢，這有助於吸引顧客對所銷售的產品升起興趣。

有一位大學生平時說話很詼諧幽默，在他兼職做銷售員時，有一次去一家報社銷售，開始他並沒有說明自己的真正來意。

「你們需要一名富有才華的編輯嗎？」

「不要！」

「記者呢？」

「也不需要！」

「印刷廠如有缺額也行！」

「不，我們現在什麼空缺職位也沒有！」

「哦！那你們一定需要這個東西了？」大學生邊說邊從皮包裡取出一些精美的牌子，上面寫著：「額滿，暫不雇人！」

對方也因為他的幽默言辭而輕鬆一笑，如此輕而易舉在愉快的氛圍中促成了銷售。

一般而言，那些具有幽默感的銷售員，在日常工作中都會有比較好的人緣，他們比較容易贏得客戶的好感和信賴。而缺乏幽默感的銷售員，會在很大程度上影響與客戶的溝通，同時也不易於在客戶心中留下深刻的印象。

如果一個優秀的銷售員同時又是一個善於製造幽默的高手的話，那麼他的銷售事業也必將因此而如虎添翼。那麼，如何才能更好掌握那些幽默的語言與技巧呢？

1.緩解氣氛

在與客戶溝通的過程中，難免會出現尷尬的情況。這時，如果用自嘲來緩解窘境，不僅能夠找到後退的台階，還會產生幽默的效果，就憑著這份氣度和勇氣，客戶也不會讓你一人獨自「幽默」，反而還會陪你笑上幾聲的。

2.巧用反話

在一些銷售場合，正話反說，有時候會收到出其不意的良好效果。比如，某銷售員在銷售電扇，客戶一直挑三揀四，口裡不停嘮叨。銷售員就可以順著客戶的意思說：「這電扇確實有點毛

病，花那麼多錢買到一件不如意的東西真是不划算！」客戶一聽，反而不方便再說什麼了，有不滿意的話也覺得沒必要說出口了。接著，銷售員趁機用富有同情心的語調說：「電扇的價格比較便宜，它比空調要省電多了。」多採用這種輕鬆的語言，更容易獲取客戶的接受度。

3.逆向思維

一般客戶通常都會順著「常理」去思考，但是，如果把結果轉移在一個「意想不到」的焦點上，就會使他們產生「有趣」的感覺，讓客戶在會心一笑後，對你、對你的商品或服務產生好感，並因此誘發購買動機，促成交易的迅速達成。

幽默可以說是銷售成功的金鑰匙，它具有很強的感染力和吸引力，能迅速打開顧客的心靈之門。但是，在實際銷售中，一定要注意把握幽默的尺度與分寸，不要故作幽默，否則，就會得不償失。

曾有報紙介紹過一位優秀的營業員李盼盼，有一次，她在賣菜時發現有的顧客在剝菜葉。李盼盼就和藹的說：「小姐，請您小心一點，別把菜葉碰下來。」這「碰」字說得含蓄、凝重，使有意剝菜葉的顧客，臉頓時泛紅，手也不得不停下來。李盼盼把已發生的事說成須提防的事，把有意的「剝」說成無意的「碰」，這樣一來，不僅好好糾正了顧客的錯誤，而且也保全了顧客的面子，其語言運用可謂獨具匠心。

所以，銷售人員在面對客戶時，一定要注意語言的含蓄與委婉，切記不要因自己衝動的情緒，而在語言上傷了對方的感情。這也是贏得好感、維繫與顧客良好關係的一個紐帶。在向客戶銷售時說話要「和氣、文雅、謙遜」，不講粗話、髒話，不強詞奪理，不惡語傷人。要多用敬辭、敬語，語氣要親切柔和，語句要委婉含蓄。這樣才能縮短與顧客的心理距離，使顧客感到溫暖與鼓舞，進而有助於促成交易的成功。

當然，說話委婉並不是要低三下四乞求人家發慈悲，這樣既丟人格，也不會達到好的效果。至於其中的度，則需要銷售人員在實踐中不斷去摸索、去鍛鍊、去掌握。

分散客戶的注意力

雖然人們一直在肯定銷售人員的勤勞、辛苦和機敏，但是不可否認，有很多人都不喜歡被銷售人員所打擾，甚至一些人將銷售人員的拜訪或電話聯繫稱為「糾纏」，於是「難纏的銷售員」往往成為從事銷售工作者的一個「榮譽稱號」。

因為不喜歡被打擾，所以當銷售人員拜訪時，客戶們很多時候都將注意力集中在「如何擺脫銷售」或者「如何讓這些銷售人員趕快離開」上。在這種情形下，客戶更關注自己眼下的時間、工作以及口袋裡的錢，他們不希望自己的時間被「浪費」、工作被「耽誤」，更不希望自己口袋裡的錢流到銷售人員那裡。客戶此時完全處於一種高度警惕和嚴密防範的狀態當中，為了達到擺脫銷售人員的目的，他們有時會想方設法對銷售人員所銷售的產品或者銷售人員本身百般挑剔，有時又會從自身需求或支付能力等方面尋找拒絕理由。例如：

「這種印表機的性能比起某某牌的印表機實在是差得太遠了，我們是不會考慮這種劣等產品的。」

「你是某某公司的銷售員？我知道那家公司，聽說這家公司的客戶服務工作相當差勁，客戶投訴的問題總是遲遲不能解決。」

「你這個人長得就是一副奸商模樣，雖然你的口才不錯，但是我可不想上當受騙，而且我也絕不是那種容易上當的人，所以還是請你趁早離開吧。」

「我們公司一直有專門的供應商，我們與供應商之間已經保持了多年的友好合作關係，所以根本不會考慮其他廠家的產品。」

「這種產品對於我來說實在是太奢侈了，它雖然看起來不錯，但是我可沒有多餘的錢買它。」

在接觸客戶的初期，不論客戶拒絕購買的理由或表現如何，銷售人員都應該對客戶的內在心理充分了解。很多時候，正是因為不喜歡被打擾，或者對銷售人員存有戒備心理，他們才會將注意力集中到自己有限的時間、等待完成的事情以及產品的缺點上，表現得缺乏耐心或者百般挑剔。

當客戶擺出一副拒絕接受銷售的神態，或者對所銷售的產品、服務百般挑剔時，銷售人員此前的一腔熱情猶如遭遇到一盆冷水，此時，在一些銷售人員看來，這類客戶就屬於「難纏的客戶」，客戶方面努力擺脫銷售人員的「糾纏」；銷售人員方面則覺得客戶刻意在雞蛋裡挑骨頭。雙方都在心裡產生了一種隔閡，這樣的溝通註定會在不愉快中結束。

當來自客戶的一盆冷水撲面而來時，若銷售人員不予理會、不過多計較，這是否就意味著他們能夠讓客戶最終接受他們的產品呢？事實證明，堅定的銷售熱情並不一定就是銷售成功的敲門磚。事情有時會如此無奈：客戶想方設法努力防範，精心在自己周圍築起一道「百毒不侵」的銅牆鐵壁；而銷售人員則千方百計努力進攻，恨不得一下子就將產品的所有特點或優勢傳達給客戶，以期獲得客戶的認同。結果呢？銷售人員越是表現得急切和熱情，客戶的防範心理就越嚴重，越對這種銷售活動感到厭煩。於是，在你守我攻的來來回回中，一場不愉快的拉鋸戰由此形成。

因此，我們要提醒銷售人員的是：為了避免形成不愉快的氣氛，銷售人員除了必須保證銷售熱情的持久性和堅定性，還要講究化解不愉快溝通氛圍的方式。不要企圖一下子就打破客戶精心築起的銅牆鐵壁，而應該首先想辦法讓客戶產生愉快的體驗，然後讓客戶在愉快的體驗中將注意力從拒絕和排斥中轉移到自身需求和產品優勢上來。至少，銷售人員要做到不要在客戶最初的反感和排斥心理中讓他們再增加強迫購買的體驗。

讓我們看看美國一家電力公司的銷售人員威伯的做法：

在一九三〇年代，電力並不像現在一樣被所有美國人所認可，對於那些身處偏僻鄉村的人來說，電力簡直就是一種奢侈而無用的東西。可是，就是在這種情況下，某電氣公司的電力銷售員威伯與很多鄉村客戶建立了友好的關係，他的銷售業績一度居於該電氣公司的首位。

威伯曾經到一所富有的農家銷售電力，幫威伯開門的是一位老太太——這家的女主人。當得知威伯在銷售電力時，老太太把威伯推出了門外，然後任憑威伯再三懇求，老太太也不肯開門。

第二天，威伯繼續到這家敲門。老太太從窗戶中看到仍然是電氣公司的銷售員時，依舊不客氣的把威伯擋在了門外。威伯只好在門外與老太太說話，他說：「真是不好意思，我知道您對用電不感興趣。所以這次並不是來銷售電的，而是來向您買一些雞蛋。」

聽到這些，老太太把門開了一條小縫，可是她心中仍然有許多懷疑。威伯看到門縫開了一點，他繼續說：「很多人都說您這裡的雞蛋是全村最好的，我想買一些新鮮的雞蛋回城。」說完之後，威伯停頓了一會兒，他想要看看老太太的反應。

老太太果然對威伯的話很感興趣，她把門開得更大了，並且問威伯：「為什麼不回到城裡

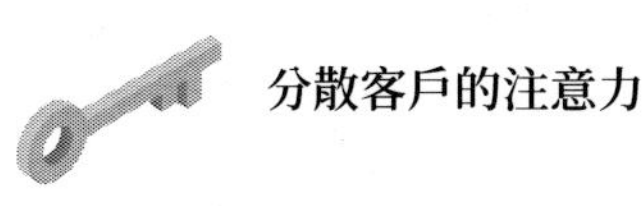

買雞蛋？」

威伯誠懇回答說：「城裡的雞蛋哪裡有鄉村的雞蛋好吃？而且我太太就喜歡您這裡的雞蛋，她說您這裡的雞蛋既好吃又好看，保證新鮮。所以她特意讓我到您這裡購買一些雞蛋回去。」

聽到對自己的誇獎，老太太感到十分高興，她打開家門邀請威伯到家裡坐坐。威伯表示，想要到雞舍看看。來到雞舍以後，他們繼續聊有關雞蛋和雞的事情，威伯恰到好處的誇獎已經讓老太太把他視為知己了。老太太還主動向威伯介紹了許多養雞經驗，威伯認真聽著，並且時不時問一些問題。後來，威伯尋找到一個機會，假裝不經意的向老太太提出建議：「如果能用電燈照射的話，那麼雞蛋的產量就會更高。」

這時，老太太已經不再對有關電的問題那麼排斥了，她反而向威伯詢問了有關用電的一些問題，威伯給予了她認真的解答。同時，威伯還告訴老太太：「其他鄉村的一些養雞戶已經把電接到了雞舍中，據說已經使雞蛋產量得到提高。您可以到這些養雞戶家中去了解一些情況。」之後，威伯帶著新鮮的雞蛋回去了，老太太熱情把他送到了大門外。

不到半個月，威伯再一次來到老太太家中，只不過他這次是帶著施工人員來為老太太的雞舍接通電線的。

威伯深諳「退一步海闊天空」的道理，所有想要有一番成就的銷售人員都應該懂得這個道理。很多時候，銷售人員愈是著重於向客戶推廣、介紹產品或服務，客戶就會愈集中精力考慮如何拒絕或擺脫這種銷售活動。一些銷售人員以為自己的熱情會引起客戶對產品或服務的關注，可是適得其反，客戶往往會在銷售人員的「引導」下將注意力集中在產品、公司或者銷售人員或有或無的缺點上——願望與結果完全全背道而馳。

所以說，直線進攻也許是理想中的最短距離，但卻往往不是最佳途徑，而看似退步的曲線銷售卻往往能達到意想不到的效果。

適時沉默——此時無聲勝有聲

「沉默」是一個十分重要的溝通技巧，運用得恰當，會起到「無聲勝有聲」的效果。沉默意味著彼此的交流突然中斷，談話的一方突然沉默難免對另一方的心理造成衝擊，讓人感覺意外、不安，不得不集中注意力。

有人認為銷售是一項表現口才的工作，於是他們就有意在與客戶交流的過程中賣弄自己的口才，想用自己的巧舌將產品或服務的優勢淋漓盡致呈現在客戶眼前，以達到銷售成功的目的。銷售確實需要講究口才，但並非口若懸河就能得到客戶的青睞。現在人們逐漸發現在與別人的交往中有時更需要忍耐和沉默。

你必須認識到沉默與精心選擇具有同樣的表現力，就好像音樂中音符與休止符一樣重要。沉默會產生更完美的和諧，更強烈的效果。在商業或私人交際中，有時無言也許是最好的選擇之一。

一個印刷業主得知另一家公司打算購買他的一台舊印刷機，他感到非常高興。經過仔細核算，他決定以兩百五十萬美元的價格出售，並想好了理由。當他坐下來溝通時，內心深處仿佛有個聲音在說：「沉住氣。」終於，買主按捺不住，開始滔滔不絕評價機器。他依然一言不發。這時買主說：「我們可以付您三百五十萬美元，不能再多了。」不到一個小時，買賣成交了。

真正的行銷高手也是以適當的沉默來達成自己的行銷目的的。沉默而誠懇的聆聽，不但顯示了聆聽者良好的修養和對講話者的尊敬，更給了聽者充分的時間揣摩說者的心理狀態和溝通意圖。適時沉默還可以用於打斷才方的談話，引出你所希望談論的話題，也可以用於製造壓力給對方。所以在溝通中，「沉默」是一個十分重要的技巧，會起到「無聲勝有聲」的效果。

崔西曾經擁有一份令很多人羨慕的工作—工程師。後來，一方面出於對銷售工作的熱愛，一方面出於對巨額傭金的羨慕，他改行加入到銷售人員的行列中來。再後來，他克服了在銷售過程中的一系列難題，終於成為著名的銷售大師之一。

在崔西看來，沉默是一種哲學，也是一種最節省資源的說服客戶的方法。在為那些渴望成功的銷售人員培訓時，他不止一次談到過他的一次銷售經歷：

在一個陽光明媚的日子裡，身為一家保險公司銷售人員的崔西按照事先安排好的銷售計畫去拜訪一對擁有十一個孩子的夫妻。在最近的一次調查中，崔西得知，這對夫妻中的丈夫剛剛死於一場車禍，所以，他的這次拜訪實際上面對的是一位剛剛失去丈夫的女士。

當走進這戶人家時，崔西首先看到了身著黑色套裝的女主人，女主人臉上的神色顯得很悲傷。在聽完崔西的自我介紹後，女主人表示最近自己沒有心情做任何事情，崔西表示，他已經知道了一切，此次來只是想為故去的男主人獻上一束花，同時也希望女主人要節哀、保重身體，因為還有很多孩子需要她照顧。

在向男主人的遺照獻上鮮花之後，女主人邀請崔西坐下來喝一杯咖啡。之後，女主人開始向崔西談論那場突如其來的車禍以及車禍之後的悲痛。女主人悲傷極了，崔西無法用合適的語言安慰她，只能保持沉默。

最後，女主人描述完自身的悲痛之後，又說明自己目前沒有任何心思去為孩子們購買保險，她告訴崔西不要在她這裡浪費時間了。聽到女主人的拒絕，崔西說：「如果您現在為孩子們購買儲蓄保險的話，那麼即使您以後沒有固定收入，孩子們的教育和未來也不至於無以為繼。」然後，他開始一言不發。在崔西的沉默中，女主人邊思考邊撫摸著依偎在她身邊的小兒子的頭頂。過了將近十分鐘之後，女主人表示，她決定為所有的孩子都購買一份儲蓄保險。

崔西之所以能夠取得這份儲蓄保險訂單，在於他懂得恰當的時候保持沉默，沉溺於悲痛中的女主人最需要的是被傾聽、被理解、被同情，崔西的第一次沉默實際上是在表示對女主人的理解和同情；第二次沉默則是留給女主人考慮的空間，而他所說的建議是設身處地從女主人的角度來考慮問題，所以最終博得女主人的信任。

在日常交往中，沉默往往能帶給你益處。在某些場合，沉默不語可以避免失言。許多人在缺乏自信或極力表現禮貌時，可能會不假思索說出不恰當的話，帶來麻煩給自己。

研究談話節奏的學者們認識到，有張有弛的談話在人際交往中至為重要。心理學教授解釋說：「沉默可以調節說話和聽講的節奏。沉默在談話中的作用就相當於零在數學中的作用。儘管是『零』卻很關鍵。沒有沉默，一切交流都無法進行。」

正確的交流由兩個方面構成：被人關注，又關注別人。安靜、專心傾聽者會產生強大的魔力，使談話者更加心平氣和、呼吸舒暢，連面部和肩部都放鬆下來。反過來，談話者會對聽眾表現得更加溫和。

當你發怒、焦慮或想大發雷霆時，請喝上一杯水或是握著自己的雙手，然後露出你的微笑。這種簡單的方法或許可以幫助你控制住情感。銷售人員應該學會透過適當沉默來達成行銷目的，在與客戶溝通過程中要注意：

1 在與客戶溝通的過程中，銷售人員多餘的表現就如同畫蛇添足。
2 注意語言的精練和適度，不要使用引起客戶反感的語言。
3 如果不敢確定自己的話是否對整個銷售活動具有積極意義，那還不如把那句話吞到肚子裡。
4 客戶討厭急功近利的銷售人員，因此，你越希望成功越是要保持沉穩。
5 客戶在作決定時尤其需要安靜，步步緊逼式的銷售會讓他們感到窒息。
6 在銷售過程中，你能利用的唯一壓力就是在提問結束後的沉默。

以退為進——善於認錯的第一步

銷售人員在溝通中出現錯誤後，最壞的方式就是掩飾，最好的彌補方式就是認錯，坦誠認識細微不足，體現真實自我。勇於認錯會獲得誠實的好印象，較易獲取信賴。善於認錯，也是以退為進，迂迴達到銷售目的的關鍵一步。

「金無足赤，人無完人」是至理名言，而現實中的行銷人員往往有悖於此，面對客戶經常造就「超人」形象，過分掩飾自身的不足，對客戶提出的問題和建議幾乎全部應承，很少說「不行」或「不能」的言語。從表面來看，似乎你的完美將留下信任感給客戶。但殊不知人畢竟還是現實的，都會有或大或小的毛病，不可能做到面面俱到，你的「完美」宣言恰恰在宣告你的「不真實」。

千萬不要和你的客戶發脾氣，要學會控制情緒，做一個高情商的銷售人員。客戶可能很生氣，但是你一定要耐心接受，不要做過多辯解，只需要認錯。「我非常了解您的情形，同時我可以感受到您對我們服務的關心，因為您希望我們好，所以您才會告訴我們。」尊重客戶是一個稱職的銷售人員必須具備的素質，即使是客戶誤會你，有時在你耐心傾聽之中，客戶的怒氣就消退了，客戶的不滿也就不知不覺解決了。

一般許多人在客戶尚未表露不滿時，就很焦急想找藉口應付他，殊不知你一再辯解，客戶會情緒性產生反感。所以，一個人做錯事之後，最好的彌補方式就是認錯，最壞的方式就是掩飾。人人都會犯錯，勇於認錯，別人非但不會責怪，還會使人產生誠實的好印象，較易獲取信賴。

美國著名的心理學家史坦芬格做過這樣一個實驗：要求四名前來求職的人一邊做自我情況報告的錄音，一邊用小型的煮爐煮牛奶。

第一位求職者聲稱：自己學習成績優秀，而且有出色的社會活動能力，牛奶也煮得很好。

第二位求職者的報告內容與第一個人相差無幾，但他在報告的最後說，他不小心碰翻了煮爐，牛奶也煮糊了。

第三位的情況和前面兩位不同。他說自己的學業很糟糕，而且社會組織活動能力不怎麼樣，但他的牛奶煮得相當棒。

第四位的自我報告和第三位相似，但牛奶也煮得差勁。

史坦芬格認為，所有求職者都可以歸於上述四類人之中，第一類人：十分完美，毫無欠缺；第二類人：非常完美，略有欠缺；第三類人：欠缺，有小長處；第四類人：毫無長處。表面上看來，似乎第一類人成功的概率應該更大，但現實的天平卻傾向於第二類人。

史坦芬格的實驗給我們的啟示是，一個行銷人員想要贏得客戶的信任，大可不必去極力掩飾自我，而應適當承認細微不足，使人覺得親近，更容易被人接受。在與客戶對話的過程中，銷售人員可能有某些方面做得不盡如人意，甚至由於一時的疏忽導致不小的損失，這時候，最好的彌補方式就是認錯。勇於認錯會使人產生好印象，較易獲取信賴。善於認錯，也是以退為進、迂迴達到銷售目的的關鍵一步。

1.要敢於承認錯誤

有些銷售人員面對錯誤，敷衍塞責，找各式各樣的客觀理由，盡量把錯誤推到別人身上；也有的人顧及自己的面子，擔心自己的威信受損，羞於認錯，所有這些都是不可取的。

2.知錯就改，果斷糾正

一個聰慧、積極的人，要懂得抓住每一個前進的機會。那些坦誠、忠實的銷售人員更受客戶歡迎。

3.避免再犯同類錯誤

俗話說，不要在同一個地方絆倒兩回。同樣的壞結果，一次也許是失誤所致，兩次三次甚至是每次都不理想，人們就會有疑問了：是不是明知故犯，不用心?倘若不能避免錯誤的再次發生，那麼，你將永遠不能前進。敢於承認錯誤，汲取教訓，我們就能以嶄新的面貌去迎接更加激烈的競爭和挑戰。

欲擒故縱——迂迴更容易達到目的

如果人們一開始就被優厚條件所誘惑，對後來才知道不好的部分也能較容易接受。巧妙利用人們的這種心理，採取欲擒故縱的策略，有助於銷售員銷售順利、溝通成功。

第一次世界大戰時期，美國有一位叫哈利的大富翁。他小時候在一個馬戲團當童工，主要工作是叫賣檸檬冰水。有一次他在馬戲開始前，為觀眾每人免費贈送了一包花生米。由於花生米是鹹的，一些觀眾吃後開始口渴起來。就在這時，哈利提著爽口的檸檬冰水一個座位一個座位的叫賣，幾乎所有拿過免費花生的觀眾都買了他的檸檬冰水。就這樣，他的檸檬冰水全部賣完了，且還賺回了所投資花生米的本錢。

在與客戶交流的過程中，有些銷售人員急於把商品銷售出去，急於把生意做成功，但由於缺乏智謀，缺乏策略，最終「欲速則不達」，無功而返。

先讓客戶嘗到甜頭，等客戶割捨不掉時，再進入實際的銷售過程，這就是所謂的「故擒故縱」行銷之術。在現代市場行銷中可以說比比皆是。

某食品公司在中秋節來臨之際，向全市各大經銷商及眾多企業、公司免費贈送月餅，等月餅有了一定的消費者和市場基礎後，他們立即停止免費贈送，開始光明正大收錢。雖然這種月餅的價格較高，但卻留下了深刻的印象給一些品嘗過的消費者，購買的人仍然非常多。

某超市正在展開一款新型飲水機的銷售活動。雖然這款飲水機的款式新穎，方便實用，但價格卻非常低廉，比其他飲水機的價格便宜近一半，一時間吸引了眾多正在店內購物的消費者，銷售人員現場講解、現場示範後，當場就有許多消費者拿出錢來購買。正當這些消費者準備離開

時，超市經理說道：「這種飲水機雖然可以把水燒開，但如果有一個淨水器的話，所飲用的水會更安全、更衛生，非常有利於人體健康。」

他的一席話讓購買飲水機的消費者立即停止了腳步，有人開始問經理有沒有淨水器賣，這位經理告訴消費者，這種飲水機的淨水器是配套生產，在外面沒有經銷，目前只有該超市一家經營。健康可是頭等大事，一些消費者開始詢問淨水器的價格，該經理告訴他們說，淨水器的價格與飲水機的價格相差無幾。一個小小的淨水器居然和飲水機的價格相當，這多少讓這些消費者有些接受不了。但出於對家人健康的考慮，這些消費者還是再次掏錢購買了淨水器。

總而言之，「欲擒故縱」行銷術其實就是一種心理戰術，只要你抓住了消費者的心理，那也就抓住了商品銷售的機會。因為該經理抓住了客戶的心理，一開始就拋出了誘人的條件。他知道，如果一開始能以誘人的條件讓客戶心動，過後再提出附帶條件，客戶即便感覺有些損失，也往往會接受。

欲擒故縱是一種有效促進銷售的策略，專家建議銷售人員可以學習其中的幾種迂迴戰術：

1.假裝告辭

有些客戶天生優柔寡斷，他雖然對你的產品有興趣，可是拖拖拉拉，遲遲不作決定。這時，你不妨故意收拾東西，做出要離開的樣子。這種假裝告辭的舉動，有時會促使對方下決心。

2.用優厚的條件吸引

在一開始就提出極具誘惑性的優厚條件可以麻痹對方，讓對方產生一種談話很順利和談話對自己有利的錯覺。等結束後再提出一些苛刻的條件或指出一些不利於對方的細節，對方也比較容易接受。這是人們的一種普遍心理。利用人們的這種心理，銷售人員往往能順利銷售。

3.給客戶希望

在客戶想知道我們會給他什麼樣的利益時，我們也可以迴避，但是，要給對方一個希望，越是他想知道的，我們越可以晚一點說，一來對方可以充分配合我們，二來他也會更加主動一點。因為他認為自己會有利益，但是不清楚有多大的利益，人在這個時候一般都會想可能是很大的利益。

欲擒故縱是一種有效的方式，銷售人員在使用的時候要注意以下幾點：

1　給客戶希望，讓客戶主動參與對話。

2　一開始便以優厚的條件誘惑對方，再讓對方接受其餘的部分。

3　暫時迴避不便回答的問題，巧妙置換談話主題。

4　有時候，假裝告辭或者結束談話反而會促進成交。

5　可以製造貨物短缺的假像，來影響客戶的購買行為。

換位思考——知己知彼，百戰不殆

在商業競爭日趨激烈的今天，要想真正做到「以客戶為中心」，就要經常換位思考，站在客戶的立場上考慮問題。如果銷售人員能站在客戶的角度，按照客戶的要求去考慮問題。提供服務，將心比心，以心換心，客戶是永遠不會將你拒之門外的。

換位思考，就是假設自己站在對方的立場考慮問題，如果我們自己都不希望這樣的事情發生，那麼就不要讓別人去做這件事。不同的人，他們在背景、知識、興趣等方面都存在一定的差異，這往往成為銷售人員與客戶交流的隱形障礙，如果銷售人員能夠設身處地從客戶的角度思考問題，那麼我們就更容易了解客戶的需求。

將心比心、感同身受，這與只顧向客戶銷售產品而不考慮對方是否真正需要是完全不同的。客戶關注的並不是所購產品本身，而是透過購買產品所能獲得的利益或功效。

有位人力資源顧問名叫拉斐爾，他在退休之後愛上了釣魚。在他專心致志釣魚的時候，經常有年輕的管理人員跑過來向他尋求維持好人緣的祕訣。拉斐爾先示意那些人保持安靜，然後再把魚鉤拋入水中，這才對他們說：「每天下午，我都會在這條河邊釣魚，這是我一天中最幸福的時光。經過多年的實踐我發現，這裡的魚和我想像的並不一樣。你知道，我最喜歡吃的是荔枝和蝦，但是，這裡的魚並不喜歡荔枝和蝦，牠們最喜歡吃的是蛆。遇到這個問題的時候，我總是想，如果我把荔枝、蝦、蛆一起丟到水裡，然後問那些魚：『嗨，你們喜歡吃哪一個呢？』答案是顯然的。」

拉斐爾的釣魚哲學實際上是換位思考的通俗解釋。在釣魚的時候，我們不能只考慮自己，應該更要考慮水裡的魚，考慮牠們的喜好。銷售人員如果想成功釣到客戶這條大魚，就必須學會從客戶的角度考慮問題，了解客戶的需求，即學會換位思考。

做銷售要達到這個境界，銷售人員就必須注意一些細節問題。首先是要具備銷售實戰能力，掌握豐富的產品知識及問題處理技巧；其次是要和藹可親，這樣容易接近客戶，與客戶產生共鳴，才容易建立關係；再次是要對客戶以誠相待，不能像那種油頭滑腦的小販；然後要努力做一個客戶的採購嚮導，把握客戶的真實需求，站在客戶立場來協助客戶確定採購方案；最後，就是要言行一致，對產品或服務的介紹既不能誇誇其談，又不能過於謹慎，盡可能做到名副其實。專家建議可以透過以下方式來學習換位思考：

1.習慣性去演練和客戶互換立場

假扮成你的客戶，並且將客戶的背景、個性、職業考慮在內，然後開始思考，他會喜歡什麼方式，他會有什麼想法，他會比較需要什麼，這些都可以在平常的時候作為自己練習的內容，因為先做好萬全的準備之後再去面對客戶好過於臨陣磨槍，手忙腳亂將主導權交到客戶的手上。

不僅僅是用客戶來當作自己練習的對象，你也可以用你周邊的朋友親人來做為練習的範本，比如常常問自己為什麼？他為什麼說這句話？他為什麼做這件事？他為什麼會用這種態度回應？他為什麼會生氣？他為什麼會很滿意很開心？

每一次這樣問自己，都會造就自己的成長，客戶也是人，透過這種思考方式你會越來越了解人的想法，人的需要，而你也會對人多一分體諒，多一分關懷，多一分貼心！

2.練習之後詢問對方的正確答案

可以在你練習完之後去詢問對方正確答案，用這樣的方式不斷練習，就可以幫助你提升察言觀色的能力，你會發現自己越來越懂得客戶要什麼，再也不會去抱怨「我都不知道客戶的心裡到底在想什麼」，因為你已經在角色轉換的練習中進到你的客戶心裡最深處了，這樣才叫做真正掌握客戶行為、掌握客戶心理，對銷售人員而言，穩定踏實的業績就是從這裡開始的！

第七章　提高效率的對話法則——應答有術，掌控主動

與客戶的交談沒有老路可走，你每前行一步都是在創新。所以，步步為營、對症下藥就成為了銷售的關鍵所在。客戶的每一個難題、每一次異議，都需要你用高效敏捷的反應來應對，本章就針對銷售人員與客戶溝通過程中的常見問題來見招拆招，讓你無論遇到什麼樣的客戶、什麼樣的問題，都能不慌不亂，高效快捷的解決。

反問法——不方便回答的問題

有效的提問和回答技巧，對成功的人際溝通而言，與有效的傾聽和回饋表達同樣重要。對於銷售來說也是如此，作為銷售人員，除了要善於傾聽並能準確回饋客戶的需求外，還要善於提問，靈巧回答客戶提出的問題，才能有效建立和客戶的良好關係。

提問的重要性，從下面的例子可以體會得到：

客戶：「你們還有同類產品嗎？」

銷售人員：「當然有！」（很興奮呀，就要成交了！）

客戶：「有多少？」

銷售人員：「多得很，因為大家都喜歡這款包包。」

客戶：「太可惜了，我喜歡獨一無二的產品。」

這位銷售人員就是不會傾聽、不懂得提問的人。在交易的過程中，如果他仔細揣摩客戶的心理，用反問的方法來進一步確認客戶的意圖，也許這樁生意就不會這麼不了了之。聰明的銷售人員應該這樣應對客戶：

客戶：「你們還有同類產品嗎？」

銷售人員：「你為什麼會問這個問題呢？」

客戶：「我很想知道你們到底有多少同類產品。」

銷售人員：「原來是這樣。你怎麼會關心這個問題呢？」

客戶：「我喜歡獨一無二的產品。」

反問法—不方便回答的問題

這樣一來，就能清楚知曉客戶的意圖，才能針對不同客戶的不同要求，來調整自己的產品和銷售方案，也就大大增加了與客戶合作的機會。

在銷售的過程中，往往有客戶會提出比較難以回答的問題，這時候就要適當考慮運用反問法，打開客戶的話匣子，弄清楚客戶的真正意圖，銷售人員才好針對客戶的具體要求來選擇如何與客戶建立合作關係。

客戶：「你的這個隨身聽怎麼賣呢？」

銷售人員：「一千七百五十元。」

客戶：「為什麼你的這麼貴？其他的店只要一千多，難道他們的是假貨？」

銷售人員：「我們店裡基本上什麼價位的都有，而且都是正品好貨。關鍵看您想要什麼價位的。您大概想要多少錢的呢？對記憶體大小有什麼樣的要求呢？」

客戶：「一千元左右的就可以，記憶體在2G左右應該就足夠了。」

銷售人員：「這幾款都滿足您的基本要求。對於外觀、電子書等等功能您有什麼其他要求嗎？」

客戶：「你們這裡具體的售後服務都包括哪些？」

銷售人員：「基本的我們都有，全國保修一年，除此之外還可以延保，不知道您還有什麼具體的要求嗎？」

客戶：「你報的價格太高了，再便宜些吧。」

銷售人員：「那您認為最低多少錢比較合理呢？您說說看，看我能接受嗎？」

疑問是了解客戶的最佳方式，透過提出問題，針對客戶的問題反問，可以確定客戶的喜好，客戶對產品關注的方面，以及客戶對產品價格的承受範圍等等。在案例中，客戶屢次提到了一些不便回答的問題，如別人家的產品是否是假貨、最低價格等等，銷售人員則透過反問的方式，有效把問題拋給了客戶。另外，客戶除了對價錢有要求之外，對外觀、功能等要求都不甚清晰，這就要求銷售人員要合理提出問題，引導客戶說出他心中的所想。

提問是銷售人員必備的一項基本技術。透過提問，可以了解客戶的需求，尤其是在面對不方便回答的難題時，適當運用反問法，把問題踢回給客戶，更不失為明智之舉。但是提問也有其本身的藝術，正確的提問方法可以引導客戶說出銷售人員想要知道的訊息，但是如果提問方法不當，就會適得其反，使得和客戶的談話不歡而散。要想用嚴謹的問題駕馭全程，就要注意以下問題：

1.注意問題的傾向性

同一個問題可以有多種問法，不同的問法又有不同的傾向，「您喜歡這種款式嗎」和「您十分喜歡這種款式嗎」的傾向性就有很大的差別。銷售人員要根據自己的需要，選擇合適的提問方式，利用問題的傾向性影響對方，並從中得到滿意的答案。

2.確保提問的吸引力

有吸引力的問題才會引發客戶積極的思考，說出銷售人員想要知道的訊息。對於沒有吸引力的提問，客戶甚至一聽到就心生厭惡，又怎麼可能會心甘情願和銷售人員交談呢。

3.保持誠懇的態度

誠懇的態度、低調的作風，會讓客戶覺得你是一個值得信賴的人，會讓客戶十分放心與你合作。

4.保持語言簡明

都說時間就是金錢，在提問題時要明確表達出自己的疑問，言簡意賅，過於囉嗦的語言只會讓客戶覺得你是個優柔寡斷、不適合合作的對象。

5.忌漫無目的提問

作為銷售人員，提出的問題要有邏輯、有針對性。一個人所提出的問題，在某種程度上可以反映出一個人的思路。漫無目的提問，會顯得沒有重點，只會顯示出你是一個思路不清晰的銷售人員，試問，你會願意和一個思路不清晰、抓不到重點的人有生意上的往來嗎？

放棄法——迴避不合理的條件

「捨得捨得，有捨才有得」，通常情況下，我們說人生要積極奮鬥，尤其是在與客戶的對話過程中，我們經常強調要積極與客戶溝通，建立良好的關係。但是在有些時候，當我們遇到的客戶蠻不講理，提出諸多不合理的條件以至於我們根本無法滿足時，我們也要試著學會放棄，「忍一時風平浪靜，退一步海闊天空」，所謂放棄，不一定是徹底結束，也許也意味著另一個開始。

曾經有人對銷售人員做過一項調查，「當你的客戶對你提出了不合理的條件時，雖經你積極爭取但客戶還是不肯讓步時，你會怎麼辦」，調查結果顯示，有少數人會選擇放棄該客戶；而多數人選擇繼續爭取該客戶，希望能夠達成一致目標；其他人則選擇向客戶妥協。有趣的是，與調查結果相對應，選擇「放棄該客戶」的銷售人員中業績較高的比較多，而選擇「繼續爭取該客戶」的銷售人員大都業績平平，而選擇「向客戶妥協」的銷售人員業績少有較為突出的，有的甚至都無法長期在銷售行業做下去。

作為一名銷售人員，其業務的核心就是充分發掘潛在客戶，長期與客戶保持良好的關係。但是，銷售人員在與客戶來往的時候，往往會遇到一些「蠻不講理」的客戶，他們會提出諸多苛刻的條件，有些甚至根本就無法滿足，令銷售人員頭痛不已。

從客戶的角度出發，盡可能壓低價格，索要更高的折扣率等行為都是可以理解的，畢竟商業是追求「利潤最大化」的。但是，當客戶的要求已經超出了合理的範圍，經過溝通努力仍無法有所改觀時，銷售人員就要考慮是否要放棄該客戶了。畢竟，銷售人員並不是只面對一個客戶的，與其在一個很難溝通的客戶上浪費大量的時間、精力，不如去開發更多的潛在客戶來提升自己的業績。

小龍是一家印刷公司的銷售人員。他曾經碰到一位很苛刻的客戶，要求公司提供的全部印刷品都要使用特快的方式免費送達，還需燙金。當時小龍覺得成本太高，就約在一天晚上請客戶吃飯，並直接向客戶說明他的困難，目前公司業務太緊張，如果是淡季尚可以滿足這些要求，但是現在處於旺季，照客戶的要求生產成本過高，公司實在是周轉不過來。客戶是個很固執的人，於是，這筆生意當時沒有成功。但有意思的是，沒過多久，這位客戶在聯繫了其他幾家公司後，最終又回頭找到小龍的公司合作。因為該客戶提出的條件過於苛刻，市場上任何一家公司都做不到，在旺季本來業務就多，該客戶的要求導致不提高價格的情況下反而增加了成本，同行業的公司都拒絕這位客戶的委託。考慮到和小龍他們公司以往的合作都很順利，這位客戶再次找到小龍，重新商談合作條件，最終小龍與該客戶簽訂了合作協定。

透過小龍的銷售經歷，我們可以得出結論，如果客戶的要求過於苛刻，公司實在無法滿足客戶要求時，一定要先誠懇說明原因，然後想想還有沒有其他可以補償的方法。比如，對客戶的產品提供更精美一些的包裝，免費送一千冊等等，費用不是很大、但能夠讓客戶感到公司的誠心。如果沒有更好的補救方法或者客戶不肯妥協的話，不妨委婉拒絕客戶，鼓勵他先去尋找更合適的合作夥伴。

對於客戶的一些非分要求，要勇於說「不」。心理學上講，勇於放棄者精明，樂於放棄者聰明，善於放棄者高明。最明智的是，採取婉轉的方法拒絕客戶的當前合作專案，但是還要和客戶保持朋友的關係，以便日後該客戶有機會還會繼續合作，要切記不要徹底拒絕，一定要留下以後合作的空間；也絕不能傷害客戶，以免造成對方的嫉恨，影響日後的合作。

通常某些客戶都會比銷售人員更有耐心、更為堅定，他們往往會提出一些不合理的條件，這樣的對話會令銷售人員陷於被動。一方面，銷售人員不想錯過任何一個客戶，不想與任何一個客戶發生不愉快的事情，但是另外一方面，客戶的要求實在是無法滿足。雖然理解客戶的「利潤最大化」的思想，但是銷售人員本身也有自己的底線……

這種時候，就需要銷售人員仔細權衡利弊，首先要確定自己是否還有讓步給客戶的空間，如果有，繼續和客戶溝通，若沒有，則要適時放棄客戶。放棄並不是徹底捨棄，放棄有可能是一個更好的開始。這樣既有利於銷售人員及早把目標轉向其他客戶，也有助於客戶能在短期時間內尋找更好的合作夥伴。但是要注意的是，對客戶的拒絕一定要委婉表達，不要讓客戶生氣，並要長期和客戶保持聯繫。

當遇到不合理的問題時，要如何面對客戶呢？

1　做好充分的準備，知己知彼。

2　盡量與客戶溝通，盡最大的力量來尋找雙方合作的可能性。

3　當與客戶實在無法達成一致時，及時放棄該客戶。

低調細緻法——刁難吝嗇的客戶

俗語說：「高調做事，低調做人」、「細節決定成敗」，低調、細緻的為人處世方法已經被無數人奉為通往成功之路的必備守則。對於銷售人員來說，保持低調、細緻的態度，往往能夠在細節上給予客戶周到的服務，令客戶感動，從而建立合作關係。

在與客戶的來往過程中，常常有銷售人員會抱怨自己遇到的客戶，他們吝嗇小氣、愛刁難人。確實，有這樣的客戶，他們對每一次合作都小心謹慎，不容許有半點差池。他們小氣、吝嗇，不斷與銷售人員砍殺價格，試圖將成本降到最低；他們刁難銷售人員，不斷提出各式各樣的難題，考查銷售人員的耐心、能力。但是，作為一名銷售人員，難道因為客戶的刁難、吝嗇，就放棄客戶嗎？答案當然是否定的。涓涓細流，日積月累，就可以在堅硬的石頭上刻下自己的痕跡，更何況，再刁難、吝嗇的客戶，也是血肉之軀，只要銷售人員肯付出努力為客戶服務，一定能夠感動客戶，與客戶建立合作關係。

有這樣一個故事：隨著車展的開幕，各種新車吸引了大批客人的目光。A與B兩個汽車公

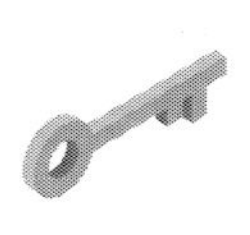

司經營兩款相似概念的汽車，他們都想藉著車展的氛圍，和大客戶C建立合作關係，打入客戶C的市場。但是客戶C是一個十分出名的、愛刁難別人的人，並且C很吝嗇，往往都把價格壓得很低。

某日，A與B的銷售人員一早來到了C的辦公室外等候。待C招A和B進入後，先是A對自己的公司、產品做了詳細的介紹，企圖對C「曉之以理，動之以情」，可是C不為所動。接著輪到了B，B也對自己的產品和公司做了詳細的介紹，並針對優於A的地方做了重點說明，可是C仍然無動於衷。A和B無比沮喪離開了C的辦公室。在走廊門口，B偶然聽到了C在接一個電話，對方好像是一個小朋友，嚷著要C幫忙買到演唱會的票，無奈C沒有買到，正在安慰這個孩子。B將這件事牢記在心，回到公司後立刻聯繫自己的一位做經紀人的同學，請她務必幫自己拿到三張票。並且，B回到公司後，仔細研究了手裡關於C的資料……

第二天，B又在相同的時間來到了C的辦公室門前，C很不高興：「你怎麼又來了？」B說：「我的同學在做經紀人，給了我三張演唱會的票，我想送給您，聽說您家裡有小孩子想去，您一家三口可以考慮一起去看看……」C很驚訝：「你的準備工作做得蠻充分的嘛……」B回答道：「我覺得我們做銷售工作的，就要一切從客戶的角度出發，盡可能了解客戶。」B和C交談得很愉快，最終C決定和B建立合作關係，允許其進入他的市場……

案例中的B由於偶然聽見了客戶C的電話，於是悉心準備，為其滿足了家裡小孩子的要求。並且，B行事低調、細緻，他沒有浪費一分一秒，聽到電話後立刻聯繫同學，而且在第二次見C時也很低調，說話很誠懇，一點都沒有炫耀、邀功的意思，縱然C再怎麼刁難人，也終於被B感動了，於是B順利和C建立了合作關係。

低調做人，細緻做事。作為銷售人員，如果事事從客戶的角度出發，為客戶著想，用一顆真誠的心與客戶交流，必然能夠博得客戶的好感。如果你拿出一顆赤誠之心對待客戶，客戶必然感受得到，將心比心，客戶也會真誠對待你，在一個高尚人品的保證下，客戶怎麼忍心拒絕和你的合作呢？

那麼，如何才能夠準確應用低調細緻法呢？

1.充分準備

在與客戶面對面之前，一定要做好充分的準備工作，不只關於自己的產品、對手的產品，還要盡可能了解客戶。充分的準備不僅可以讓你在與客戶的溝通中游刃有餘，還表現出了你對客戶的充分尊重。

2.低調行事

刁難、吝嗇的客戶，往往都有很強的自我優越感，自尊心都很強。他們對自己、對自己的合作夥伴，往往都要求很嚴格，甚至於到了近乎完美的地步。對於這樣的客戶，作為銷售人員一定要低調，不僅僅是在言語上，在姿態、行為舉止上也一定要低調。作為銷售人員，我們要證明給他們看，我們的產品是一流的，我們的服務是優秀的，我們的團隊是無懈可擊的，但是姿態一定要低調，我們是來尋求建立合作關係的，不是來炫耀的。當然我們也要注意，低調並不等於諂媚和阿諛奉承；也不等於過度謙虛，誇大自己的不足。

3.關心細節

人生在世，總有需要別人幫忙的地方。當知道客戶有什麼需要幫忙的地方時，一定要盡可能幫助其解決。如果無力幫客戶解決問題，也要在精神上給予關心和支持。並且在與客戶交流的過程中，對於合作的細節問題，在不損害己方利益的前提下，可以適時多為客戶考慮些，為客戶爭取到最優的合作方案。

總之，在姿態上要低調、在心態上要低調、在行為上要低調、在言辭上要低調；在細節上要高調、在思想上要高調。

借力否定法——不能肯定的觀點

不要輕易否定你身邊的人！你身邊的人都是與你產生各種聯繫的人，你若將他們全部否定，那你將置於何處呢？答案是你自己也將被否定。不要輕易否定，是心理學告誡人們的一條至關重要的行事準則。這對於銷售來說也同樣重要，不要輕易否定你的競爭者、你的客戶，實在有需要的時候，可以考慮借力否定法，借他人之力、他人之口來否定，從而達到自己的目的，尤其是對於那些不能直接肯定的問題，借力之法尤為重要。

天下之事，相輔相成。今天別人有缺點有問題，你隨口言出輕易否定，有誰敢說日後別人不會像今天一樣對你也輕易否定呢？做人如此，做生意亦是如此。倘若今天你直言某競爭企業的不是，被客戶和相關的競爭者知道後，難免要被人懷疑，畢竟有的時候對別人直接的否定，自己也會跟著被否定。

所以，在銷售的過程中若出現不能肯定的觀點，比如企業之間的產品孰優孰劣等問題時，就可以採取借力否定法。透過對比等等，顯示出彼此之間的差別，而無須直接否定、彼此指責。

許多銷售都會遇到這樣的問題。公司新出了某一產品，是不是會比競爭者的產品好很多呢？對於這種不能肯定的問題，聰明的公司一般不怎麼回答，而是採取「借力」的方法，透過對比，好壞與否，仁者見仁，智者見智。

借力否定法不只應用在廣告中，在與客戶對話的過程中，如果能夠適當採用借力否定法，也會起到出其不意的效果，尤其是針對那些有強勁競爭對手的公司而言。在成熟的競爭性行業裡，通常會有一些強勢的品牌，這些品牌實力雄厚，進入市場的時間早，在客戶的心目中占據著先入為主的地位，這就為後進的品牌設置了相當高的門檻。但同時，這些品牌也培育了市場，造出了「勢」，實際上無意中為後進者掃除了不少障礙。後進的品牌完全可以揚長避短，巧妙利用這種「勢」，借力打力來推廣自己，這樣不僅能在短時間內迅速提高自己的知名度，還能透過對比，讓客戶對自己的產品有充分的了解。在與客戶溝通的過程中，借力否定法通常有以下三種應用形式。

1.完善

強勢的產品大多進入市場早，但受當時市場環境的限制，在品牌和說辭上往往有所不足，如果追隨者能緊緊抓住對手這個弱點，在對手的基礎上補充、完善，常常能達到青出於藍而勝於藍的效果。值得注意的是，這種借力打力的方式是對對手說辭的補充完善，而不是徹底否定，因此新的說辭要保留舊說辭的記憶點，必須能銜接上去，這樣方才有力可借。

2.對立

即站在對手的對立面，否定對手來肯定自己。用對立來宣傳自己，實際上是在利用名牌的影響力來抬高自己，因為出名的東西比較受關注，與出名的東西相對的也會備受矚目，所以，站在名牌的對立面透過借力否定來提高自身的知名度相當容易，但同時風險性也很大，很可能會賠了夫人又折兵，因為對立就意味著徹底否定對手，勢必遭到對手的全力反擊。

3.攀附

即緊緊追隨對手、模仿對手，有些混淆視聽的意味。當然，我們這裡所提倡的攀附是去模仿，而非惡意複製剽竊，不然就構成侵權，容易惹上官司。

借力否定是一種非常好的行銷手段，但在操作中要遵循一定的原則。首先，借力否定是後發制人，因此只適合後進的挑戰者去做，處於強勢地位的品牌一般不能跟風。其次，要有利益支持點來支撐所借的勢，否則難以讓客戶信服。

對於一些無法肯定的東西，不用直言否定，可以借他人之力，來突出自己的優勢。借力的方法主要有：完善、對立、攀附三種思維。在日常銷售人員面對客戶時，也可以採取這樣的方法，比較自己的產品與競爭對手的產品，突出自己產品的優點，讓客戶能夠較容易作出選擇。

利益置換法——發號施令的客戶

在銷售領域中，衍生出了利益置換法。在銷售過程當中，有些客戶總是發號施令，銷售人員覺得這類客戶特別麻煩，殊不知，只要「換位思考」下，也許就可以和客戶達到很好的談話效果。

有一個富裕人家，夫妻二人在三十歲的時候生了一個可愛的兒子，本來以為孩子會健康幸福的成長，可是隨著孩子一天天長大，夫妻二人漸漸發現了孩子的異樣。孩子從牙牙學語時話就不多，從孩子上幼稚園開始便不再說話了，直到孩子小學畢業，這麼多年，孩子都沒有說過一句話。父母二人十分擔心，帶著孩子走訪了很多醫院，可是檢查結果始終正常，連醫生們都不知道為什麼……夫妻二人以為孩子這輩子就要這麼過下去了，於是對孩子的照顧就更加無微不至。在小孩上國二的某一天，一家人正在吃午飯，孩子突然開口道：「今天的湯有點鹹。」夫妻二人震驚了：「你終於可以開口說話了。」孩子一臉茫然說：「我一直都可以說話啊，只不過你們一直都把我照顧得很好啊，我沒有什麼要求，所以就覺得沒什麼可說的。」

這個故事雖然荒誕，但是卻也值得我們思考一番。這個孩子之所以一直不說話，是因為他的父母對他照顧得太好，所以就沒有其他的要求。倘若他的父母沒有對他那麼好，那麼他是不是就有很多抱怨和不滿要表達出來了呢？

聯想到我們日常的銷售工作，常常有銷售人員會抱怨自己的客戶諸多挑剔，喜歡發號施令，不把銷售人員當人看。客戶為什麼會這樣呢？難道是因為客戶無聊故意刁難銷售人員找開心嗎？其實不然，對於客戶來說，時間就是金錢，他們怎麼可能會心甘情願在銷售人員身上浪費大把的時間來抱怨呢？之所以會這樣，可能就是因為銷售人員沒有很好的為客戶服務，沒有達到客戶要求的標準，所以客戶才會如此。倘若銷售人員能夠在自己的能力範圍內為客戶提供百分之百的優質服務，設想客戶還會這樣發號施令嗎？估計客戶也會像故事中的小孩子一樣，「毫無怨言」了吧。

喜歡發號施令的客戶，雖然讓銷售人員比較頭疼，但從客戶的角度出發考慮問題，客戶之所以會拒絕銷售人員提議的合作，肯定是有其背後的原因。

有一則故事是這樣的：小王來到了一家飲料店，希望能拜訪一下這家店的老闆。由於第一次相見，小王和這家店的老闆很不熟悉，進店之後，小王與老闆寒暄了幾句之後，說明了來意，順便花了三分鐘時間介紹了公司的產品。本來還想繼續說下去，但是老闆已經很不耐煩了，並請小王帶著他的東西離開，免得影響自己做生意。

但是，小王趕緊接著說：「老闆，我這次來拜訪您，主要是向您推薦一下我公司的最新產品，價位四百元，零售可以賣到五百到五百五十元，而且公司還有促銷，力度很大，買一箱另贈送價值兩百五十元的可樂，您看，要不要來一箱，試試看？」

老闆只是輕描淡寫說了一句：「哎呀，現在業務員比客戶還要多呀，你看，我這哪有地方擺放啊？等有地方再說吧！快走快走吧！」說完，指指堆滿飲料的貨架，示意小王自己去看。小王看了一眼，的確是這樣，到處都是飲料罐啊！無奈之下，小王向老闆告辭後，走出了這家店……

很明顯，這是一個不成功的拜訪案例。這位客戶很直接，根本不聽小王的介紹，就對小王發號施令，催促小王盡快離開。雖然小王的介紹言簡意賅，公司的產品也是剛剛上市的新品，利潤很大，沒什麼問題，甚至促銷也沒有問題，但是，為什麼小王仍然沒有說服客戶呢？

小王剛才的介紹，其實並沒有切入銷售的關鍵點，為什麼老闆要說業務員比客戶還要多？我們應找到客戶拒絕背後的真正原因：店裡囤貨已經很多，老闆擔心賣不掉，這樣風險很大。這時候，我們應該怎麼辦？很簡單，找到病因，對症下藥。

小王想清楚後再次找到老闆，說：「老闆，您放心，如果您一個月銷不動，公司可以保證退換，這下您可以放心了吧！而且，我們與同類產品相比，還有促銷呢，這都可以變成您的利潤呀！」老闆聽了小王的話，覺得很有道理，經過一番思考後就簽訂了合作協定。

無論面對什麼樣的客戶，我們一定要動腦筋，找出被客戶拒絕背後的真正原因。針對這些具體原因，我們可以採用利益置換的方法，設身處地從客戶的角度思考問題，如果我是客戶，我希望怎麼辦？然後再制訂相應的行銷策略。

所謂利益置換，就是指在銷售的過程中，銷售人員與客戶互相理解，各自站在對方的立場上考慮問題，交換彼此的利益，從而各退一步，達成合作共識。水滴尚可石穿，沒有打不動的人心，沒有說不服的客戶。

有機會的話，可以適當請教對方，「假設您是我該怎麼辦呢」，令其為你著想，並且也不要忘記告訴客戶你是為他著想的。

利益置換法想要實現的是一種雙贏的合作關係，其目的是獲得客戶的信任，實現雙方的長期發展。為了使銷售人員更好了解客戶，可遵循以下幾點：

1　當客戶發號施令、意氣用事的時候，銷售人員要保持冷靜。

2　如果可能，在相對私密的場合交流和討論。

3　給對方留出一定的空間，讓其有思考的餘地，不要急於讓對方作決定。

4　確定彼此都在認真傾聽對方的談話。

5　針對問題提出應對措施，如果可能的話，要盡可能提出不止一種方案。

6　要感謝客戶為雙方的合作所付出的努力。

情景類比法——不善表達的客戶

千人千面，只有相似的性格，沒有完全相同的性格。在銷售工作中，銷售人員要面對形形色色、性格各異的客戶。針對不同的客戶有不同的銷售方法與之相適應。當面對不善表達的客戶時，如何才能夠清楚了解客戶內心的所思所想，準確把握客戶的需求，是銷售人員必須做足的功課。不善表達的客戶，在溝通中不會對自己的要求誇誇其談，所以要準確掌握他們的要求不是一件容易的事。這時，適當運用情景模擬法，可以有效幫銷售人員達到目的。

所謂情景類比，是指根據對象可能擔任的職務，編一套與該職務實際情況相似的測試專案，將被測試者安排在模擬的工作情境中處理可能出現的各種問題，用多種方法來測評其心理素質、潛在能力的一系列方法。情景模擬並不是一種新發明或創造。

情景模擬法已經在面試中被廣泛應用，並根據實際情況演化出了小組討論、管理遊戲、角色扮演、公文處理測驗等等具體方法。

有這樣一個例子：

傍晚下班，小張走進一家禮品店。好朋友小李即將過生日了，她想為她選購一件生日禮物，但是心中實在沒有什麼明確的打算，所以就隨便走進店裡看看。

銷售人員：「小姐，您好，請問您想選購點什麼呢？」

小張：「哦，沒什麼，我隨便看看。」

銷售人員：「請問您是買給男生還是買給女生呢？」

小張：「女生，我的朋友。」

銷售人員：「那您有什麼比較中意的東西嗎？」

小張：「我再看看吧……」

銷售人員：「您是要為朋友選購生日禮物還是因為其他原因？」

小張：「嗯，是生日禮物。」

銷售人員：「那您的朋友是比較開朗的女生還是比較內向的呢？」

小張：「她比較活潑開朗，經常和朋友們一起出去玩，參加派對什麼的……」

銷售人員：「那您看看這款項鍊吧，項鍊由五顆水鑽鑲嵌而成的五角星作為主體，有『心想事成』之意，整個創意十分性感，配上淺色的晚禮服再適合不過了，正好可以讓她戴著它參加自己的生日派對……」小張仔細端詳著這款項鍊，最後露出了笑容，並示意銷售人員幫她打包好。

在案例中，小張起初對於買什麼可以說是沒有任何概念，應該屬於不擅長表達類型的客人，所以在一開始銷售人員要向她推薦是很難的，因為銷售人員根本就不知道客戶的偏好及購買禮品的目的。於是銷售人員透過提問的方式了解到了小張買禮品的意圖，並在隨後用情景模擬法讓小張感受項鍊與她的朋友是否相符合，並促成了這樁生意。

不擅長表達的客戶，往往不會透露出很多資訊讓銷售人員了解他的需要。這時候，適當運用情景類比法，將客戶帶人特定的情景，引導其說出自己的需要，就能夠促進合作。那麼，如何有效運用情景模擬法呢？

1. 熱情周到接待客戶

要讓客戶感受到銷售人員的熱情，相信銷售人員是全心全意為客戶服務的；並且，還要讓客戶感受到銷售人員的專業，相信自己的需求透過銷售人員的幫助完全可以得到解決。

2.要適當對客戶提問

提問是一門藝術，一個恰當的提問可以提高對方談話的興趣，可以讓模糊混濁的想法變得清晰，可以讓稍縱即逝的靈感變為智慧，可以讓交談的雙方受到啟迪。如果提問得及時恰當，它就像一根看不見的線一樣，把散亂的資訊聯繫在一起，把看似不相關的東西變成一個整體。透過情景類比法提問，讓客戶說出自己對產品的要求，以及產品適用的環境。

3.推薦產品給客戶

在大概了解了客戶的需求後，根據自己現有的產品，推薦給客戶。在條件允許的情況下，可以推薦多種給客戶，並對比每種推薦的優點與不足。在推薦的時候，銷售人員要透過自己的語言來塑造合適的場景，引導客戶在類比的情景中思考產品是否合適。

當然情景模擬法並不是單獨使用就可以發揮作用的，它需要察言觀色和有效提問的輔助。所謂察言觀色，包含兩方面：一是要傾聽客戶的聲音，理解其話語中的內涵；二是要觀察其身體語言，體會其內心的思想。

對於不擅長表達的客戶來說，其每一句話都有可能透露銷售人員所需要的資訊，絕對不可忽視。身體語言已經被證實比言語更能反映一個人內心的真實想法，所以絕對不能忽視客戶的身體語言，要從客戶的面部表情、眼睛、手勢語、姿態等多方面來揣摩客戶的內心。

運用情景類比法的五個步驟：

1.熱情接待客戶。

2 用提問的方式來引導其獲得更多的資訊。

3 仔細觀察其言行舉止，揣摩其意圖。

4　根據客戶提供的資訊，設置一個理想的情景。

5　引導客戶在構造的情景下思考，並使其盡可能充分表達自己。

暫時迴避法——糾纏不清的客戶

俗話說「惹不起躲得起」，意在告誡人們當遇到十分棘手的人和事時，不妨退一步，暫時迴避，以求另闢蹊徑，找尋更好的辦法。在銷售的過程中，銷售人員時常要接觸一些糾纏不清的客戶，這時就要適當考慮暫時迴避法。

哥倫布「豎雞蛋」的故事想必大家都不陌生。在一次聚會上，哥倫布向在座的客人提出了一個難題：「女士們，先生們，誰能把這個雞蛋豎起來？」眾人一籌莫展。最後只見哥倫布將雞蛋在桌子上輕輕一敲，敲破了一點殼，雞蛋便穩穩立在了桌子上。哥倫布突破了傳統的不能打破雞蛋殼的思維局限，最終解決了這個並不是很難的「難題」。

完整的雞蛋是球形的，幾乎不可能讓它完好無損立起來。那麼，我們就迴避它的「完整性」，只要稍微讓它破裂一些，就可以使它立起來。「條條大路通羅馬」，一種方法不行，可以嘗試另外一種方法；同理，在與客戶來往時，一種思路行不通，可以變換思維，嘗試另外的思路，說不定就會有神奇的效果。所謂「迴避」，與徹底放棄是不同的，迴避是為了尋求更好結果的暫時離開，是為了更好和客戶建立關係而採取的繞路而行的辦法。迴避法揭示了策劃的「靈活」特性，打破常規思維，去尋找深入問題本質的最佳途徑。

要想提高迴避法應用意識，就要突出一個「換」字，即在遇到難以解決的問題時，主動探索

更換問題的可能性。遇到爭論不下的問題，能否換個話題？遇到長期解決不了的問題，能否拋開當前的問題，再向問題的實質深入一步，探索潛伏在問題背後的深層次問題？遇到必須付出較大代價才能解決的問題，自問解決這個問題是否值得，是否可以去解決更有價值的問題？

這裡需格外強調的是：迴避法不主張迴避困難，而是透過轉換問題去面對困難。所以，不能把迴避法作為躲避困難、逃避任務的藉口。

某商場內一手機銷售員正面對一個比較「難纏」的客戶。這名客戶已經在櫃台前諮詢了近一個小時了，針對某型號的手機。這名客戶看起來似乎是很想買的樣子，但為什麼遲遲不肯付帳呢？

客戶：「有某型號的手機電池嗎？」

銷售人員：「我們所有的型號都有。」

客戶：「這個電池的待機時間多長呢？」

銷售人員：「待機時間是四天。」

客戶：「好的，那我再看看別的店。」

銷售人員十分氣憤，自己為客戶講解了近一個小時，可是最後客戶就這麼離開了，而且難保客戶還會再回頭購買，心中著實鬱悶了很久。可是不久客戶又轉回來了，為了不使該客戶再次流失，銷售人員請自己的銷售主管小王來接待這位客戶。

客戶：「這個電池的待機時間多長呢？」該客戶又提出了相同的問題。

小王：「您關注的待機時間的確是判斷電池好壞的重要指標，不過，買到好的手機電池不僅要看其待機時間，還要看其充電時間。我們這個電池的待機時間是七十二小時，充電時間是十五分鐘，手機電池有許多，不容易選擇，您多看看，多比較一下，然後，決定了再回來。」之後客戶再到別的店詢問，都是這樣問的：

客戶：「那麼，這個電池的待機時間多長呢？」

銷售人員：「我們這個電池的待機時間是四天。」

客戶：「那麼，充電時間是多少呢？」

客戶到其他店裡，銷售人員的回答幾乎都類似，只是待機時間不同。這些回答都是同樣水準，都沒有超越，讓客戶僅僅在時間上比較。而小王的回答卻如此高明，首次提到了充電時間和待機時間的關係，並留給客戶充分的空間讓其去思考。當客戶詢問其他銷售人員手機的充電時間時，由於其他店的銷售人員是第一次聽到這個問題，於是他們只能說，要看產品手冊或者不知道。此時，在潛在客戶的頭腦中，率先提出充電時間的銷售人員小王贏得了客戶的信任。最終，該客戶還是在小王的店裡買下了手機。

在日常與客戶溝通的過程中，像案例中那樣難纏的客戶屢見不鮮。要想與難纏的客戶建立合作關係是一件十分困難的事，很多時候年輕的銷售人員面對這樣的客戶都會覺得不知所措。這時就要適當想到暫時迴避法，轉換思路，透過自己的努力來穩住客戶的心。那麼，在哪些情況下比較適合採用暫時迴避法呢？

1.客戶對產品的細節問題糾纏不清

客戶在充分了解產品各個方面的資訊後，抓住產品的小細節問題不放。這樣的客戶要麼是在和銷售人員打心理戰，想要充分壓價，要麼就是對產品本身沒有十分迫切的需求，並不急於購買。面對這樣的客戶，銷售人員不可急於求成，催促客戶。不妨暫時迴避客戶，給客戶充分考慮的時間，也給自己一個冷靜思考的機會。

2.客戶和銷售人員爭論不下，發生衝突

這種現象比較容易發生在年輕的銷售人員身上。雖然我們強調不要和客戶發生不愉快的事，但是面對客戶的糾纏不清時，年輕的銷售人員很容易表現出脾氣暴躁、情緒不穩定的現象。有些客戶很容易借題發揮，和銷售人員發生爭執。這種時候，作為銷售人員就要找藉口迴避客戶，可以把客戶交給自己的同事或經理等來接待，讓他們來安撫客戶，以避免矛盾進一步激化。

3.銷售人員對客戶的問題不甚清楚

由於人和人之間看待問題的角度、出發點不同，對於同一件產品，不同的人會提出不同的疑問。如果客戶提出的問題銷售人員不甚了解，可以適當迴避客戶，要麼讓知曉問題答案的同事來接待客戶，要麼坦白告知客戶請求客戶容許自己的失誤。這樣要比「不懂裝懂」更能體現出銷售人員對客戶的坦誠和尊重，有利於贏得客戶的好感。

如何才能掌握暫時迴避法的精髓呢？

1 要充分做好準備工作，了解產品的各種性能。

2 要善於分析客戶，及時發現所關注的問題。

3 掌握時機，適時提出與眾不同的觀點，秀出自己的專業。

4 審時度勢，當自己實在無法解決問題時，就要選擇適當迴避了。

轉移主題法——涉及機密問題

常言道，「商場如戰場」，現代社會的商業競爭越來越激烈，而能否及時掌握有效資訊，往往決定著一個企業的成敗。於是，就有很多人費盡心機來找尋市場中的有效資訊，甚至有人在洽談生意時也不忘旁敲側擊，想要竊取對方的機密，以求「出其不意、攻其不備」。

公司的核心技術、重要客戶等商業機密，對公司本身，以及公司的競爭對手來說，都是至關重要的。如果一個公司的商業機密被其他公司獲取，就相當於被敵人扼住了喉嚨，只能「任人宰割」。

有些客戶不光對產品、價格等問題諸多挑剔，有時甚至對公司的核心機密甚為關心，甚至有些所謂的「客戶」其實正是競爭對手派過來的商業間諜……這種情況下，最忌諱的是與客戶發生衝突，所謂「和氣生財」，所以即使客戶表現出對公司的商業機密等問題感興趣時，銷售人員也不能以太過僵硬的態度來面對客戶，畢竟以後大家可能還要長期合作。所以，當客戶提出比較敏感的問題時，能夠巧妙運用「轉移主題法」，轉開話題，就能避免矛盾、誤會的產生，順利結束與客戶的溝通。

某科技公司攻破了一項技術難題並申請專利。經過為期一年半的努力，其相關技術終於投入生產，設計出了新一代的產品。在公司新產品初期推廣的階段，公司的一個銷售人員遇到了一個「難纏」的客戶。

整個銷售過程的前期都相當順利，銷售人員詳細為客戶講解了新產品的優點、和舊產品相比有哪些新功能等等，客戶也頻頻點頭對新產品表示肯定。但是到了後期，客戶和銷售人員發生了

轉移主題法—涉及機密問題

如下的對話。

客戶：「我覺得你們新產品確實不錯，但是價格差太多了，相比於舊產品，提高了將近百分之五十。」

銷售人員：「價格確實提高了不少，但是這是由生產成本決定的……而且，相信您經過我們剛才的講解，再參照我們給你的研究報告，您會發現價格上多出的百分之五十絕對是值得的。」

客戶：「話是這麼說，不過百分之五十的增長確實太高了，你們的成本有多少呢？」

涉及到商業機密，銷售人員比較緊張，忙答道：「這個您要相信，我們絕對沒有報高價。我們兩家公司從前就有過合作，所以您對我們應該有所了解。況且我們公司追求的是長遠的發展，所以絕對不會只看眼前利益的。」

客戶：「你們此次產品換代採用的新技術，聽說之前一直是同類產品的一個瓶頸，能被你們攻克真的很不容易，你能講一下具體的技術嗎？」

由於涉及到公司的核心技術，銷售人員不敢隨便回答，便回答道：「新技術的研發確實經歷了一個艱難的過程，不過我只是一個銷售人員，我理解技術部同事的辛苦，但對具體的技術還是不甚了解。回去我向經理報告下，看要不要改天約個時間您和他好好聊聊。我們經理要不是去開會，就親自來見您了。他經常和我們提起您呢。」

銷售人員提到了經理，自然就把話題轉移到了經理和客戶以往的合作關係上了，氣氛自然就緩和下來。經過一番輕鬆的談話之後，銷售人員順利與該客戶簽訂了合作協定。

碰到了客戶提出的敏感問題，涉及到產品成本、核心技術等商業機密。由於很難確定該客戶是心直口快還是故意打探公司機密，所以銷售人員沒有正面回應這些問題，而是將話題轉移到公司以往的合作上，並且他提議客戶和經理約談，就順利把所有問題推給了公司的高層，暫時緩解了危機，避免了尷尬的局面。

示弱法——迴避矛盾的絕招

人們普遍有一種心理，對於比自己強大或與自己勢均力敵的人懷有警惕心，對於比自己弱的對手則會放鬆警惕。因此，很多時候，故意示弱可以麻痹對手，鬆懈對方。

實現銷售目標的方式並不是單一進攻式的說服，巧妙利用示弱的方式，有時更能達到銷售的目的。一位專家曾經把與客戶的談判比喻成一個圓，他說：「人們常常都以為溝通是一條直線，其實它是一個圓。在這個圓上，當我們站在某一起點，而目標是另一點時，我們常常只知道往前走是實現目標的唯一途徑，殊不知，只要轉過身去，我們就會發現實現目標的又一途徑。而且我們常常發現，從前的那種途徑達成目標不僅費時費力，而且隨時面臨著失敗的危險；但是如果我們從轉過身去的那個方向出發的話，目標實際上近在咫尺。人們經常在這個圓上做一些捨近求遠、徒勞無功的事情，這實在是和自己過不去。」

無論是專家的形象比喻，還是每一次銷售的實踐經驗，幾乎都告訴銷售人員一個道理：實現銷售目標的方式並不是單一進攻式的說服，如果銷售人員毫不妥協、堅持己見，常常會在失去交易的同時引起客戶不滿，導致不利於長期目標實現的問題發生。

在與客戶談判的過程中，盡量不要讓對方知道你的虛實，假如你擁有十分有利的條件，也不能輕易顯示出來。相反，我們還應該以適當的方式，故意暴露弱點給對方，麻痹對手。其實很多銷售人員都會在銷售過程中有意無意使用一些示弱方式讓客戶滿意。比如在保證利潤的前提下在價格方面讓步，或者根據雙方的訴求提出解決問題的折衷方式等。

並不是所有的銷售人員都懂得靈活運用讓步策略，為此，我們為銷售人員提出以下建議：

1.明確雙方的雙贏合作關係

雖然銷售人員的直接目標是為了以自己滿意的價格銷售出更多的產品或服務，但如果只專注於自身的銷售目標而不考慮客戶的需求和接受程度，那這種銷售註定要以失敗告終。所以銷售人員必須要針對自己和客戶的利益得失充分考慮，不僅要考慮自己的最大利益，也要考慮客戶的實際需求和溝通心理。

通常客戶都希望以更低的價格獲得更好的產品或服務，而銷售人員則希望自己提供的產品或服務能夠獲得更大的利潤。在此，銷售人員應該知道，自己和客戶之間既存在著相互需求的關係，又存在著一定的矛盾。如果你能把握客戶特別關注的需求，而在一些自己可以接受的其他問題上讓步，那就會使雙方的矛盾得到有效解決。

2.選擇有利的讓步時機

讓步時機的選擇宜巧不宜早，銷售人員應該在充分掌握客戶相關資訊，並對這些資訊作出有效分析的情況下考慮讓步。否則的話，銷售人員過早讓步只會進一步抬高客戶的期望，讓他們以為只要再堅持一下，你就會繼續讓步；如果銷售人員繼續輕易讓步，就會使自己處於被動的地位。

3.掌握必要的讓步技巧

在最後關頭讓步，不到萬般無奈的情況不要輕易讓步，否則客戶可能會得寸進尺；先在細枝末節的小問題上提出讓步，這樣可以使客戶感受到你的誠意，同時也可以使客戶在關注小恩小惠的時候淡化其他問題；在讓步的同時告訴客戶，你作出這樣的決定非常艱難、無奈，還可以透過請示主管、拖延時間、示弱等方式讓客戶感覺得到這樣的讓步已經很難得了。比如當客戶提出某項要求時，即使這些要求可以實現，銷售人員也不要爽快答應，而要透過一點一點的微小讓步來顯示讓步的為難，這樣可以降低客戶過高的期望。掌握這一技巧十分重要，如果銷售人員在讓步時表現得非常輕鬆，那客戶會認為你還有更大的讓步空間。

第八章　解決溝通的障礙分歧——求同存異，達成一致

銷售員在面對新客戶的時候，經常會聽到客戶關於產品、價格、促銷、服務和財務等的不同聲音。其實，嫌貨才是買貨人，客戶有異議並不代表不想買，而恰恰是想購買的徵兆，說明客戶關心你的產品、有潛在的需求。因此，為了能有效促成交易，銷售員需要正確認識異議並採取恰當的策略來處理，合理化解這些異議，達成銷售的目的。

與客戶爭執是愚蠢的

不管發生什麼樣的事情，銷售員都不能與客戶發生爭執，一旦與客戶發生爭執，銷售員即使在爭論中取勝，即使你的產品真的非常好，卻也徹底失去了成交的機會。所以，銷售員都應該借鑑下面例子中的教訓，拿出耐心和誠意，心平氣和與客戶溝通，才能讓銷售變得順利。

銷售員：「先生，您好，昨天您來這裡看了我們公司的床，我想了解一下，您現在覺得這床怎麼樣？適合您嗎？」

客戶：「一些功能倒是挺好的，只是這種床太硬。」

銷售員：「硬嗎？應該不算硬啊！」

客戶：「是有些硬，儘管我並不要求這是張軟床，但它真得太硬了，我有些擔心。」

銷售員：「您昨天不是說，您背部需要東西支撐嗎？這張床正適合您！」

客戶：「不行，醫生說床如果太硬，對我病情所造成的危害不亞於軟床。」

銷售員：「您怎麼過了一天就覺得這床不適合了呢？您開始不是認為這種床很適合您嗎？」

客戶：「不適合，我覺得各個方面都不合適。」

銷售員：「可是您的病情離不開這種床啊，如果有這種床可以很快好起來的。」

客戶：「我有治療醫生，這你不用擔心。」

銷售員：「治療醫生都不可靠，我覺得您需要我們顧問醫生的指導。」

客戶：「哼，再見！」

銷售員：「你這個人怎麼這樣！」

為了使銷售成功的概率更高，銷售員要加強自身的修養，寬容大度，具備耐心，能克制自己的情緒，不管發生什麼樣的事情，都絕對不與客戶發生爭執。爭執會帶來心理上的障礙和情緒上的對立，必然會使你無法達到自己的目的。客戶永遠是對的，這種銷售理念每個銷售員都要牢記。那麼，怎麼做才能避免與客戶發生爭執呢？

1.絕不直接反駁客戶

假如客戶所說的某些話是錯誤或不真實的，銷售員絕不能直接反駁，因為那會讓客戶很沒面子，甚至與你大動肝火。這時，如果客戶所說的話無關緊要，銷售員可以置之不理，繼續談話；如果客戶對於你的產品或服務有誤解，你就應該採取先肯定後否定的談話方式，如「您說的沒錯，但是……」也就是先同意對方的觀點，然後再以一種合作的態度來闡明自己的觀點。

2.注意遣詞用句

銷售員在遣詞用句上要特別留意，說話時態度要誠懇，絕不對人，切勿傷害客戶的自尊心，並要讓客戶感受到你的專業與敬業。

3.讓客戶多說

客戶有異議時，銷售員要讓客戶說清楚他拒絕的理由，並認真聽取客戶的意見。讓客戶多說，銷售員不僅可以了解客戶對你的建議的接受程度，而且可以平息客戶某些不愉快的情緒，讓客戶有了一定的宣洩後，溝通起來就好多了。相反，如果客戶還沒有說幾句話，銷售員就說了一大堆與他意見相左的話，不僅會因打斷了客戶講話而使客戶感到生氣，還會向對方透露出許多情報。當對方掌握了這些資訊後，銷售員就處在不利的地位，客戶便能想出許多拒絕購買的理由。

4.冷靜分析客戶的異議

客戶有時與你的觀點相抵觸，你就需要判斷產生這種異議的原因。一般情況下，客戶提出的異議，能讓銷售員獲得更多的資訊，銷售員要能根據這些資訊判斷。客戶的異議可以分為以下三種情況：

虛假的異議：客戶在很多時候提出的異議並不是他們真正在意的地方，如「這個款式的造型好像不新穎啊」、「這種款式的衣服已過時了，是去年流行的款式」……這些雖然聽起來是異議，但銷售員不必太過在意，一語帶過即可。

真實的異議：客戶對你的產品不滿意，或對你的產品抱有偏見，或目前沒有需要，例如，「你們現在產品的功能我們都用不到」。對於這些，銷售員就要立即處理。

隱藏的異議：有時，客戶希望降價，但卻提出其他如品質、外觀、顏色等異議，以降低產品的價值，希望達到降價的目的。這個時候，客戶並不把真正的異議提出，而是提出各種其他異議，目的是要藉此假像，達成隱藏真實異議的有利環境。

對不同反應做好應對準備

銷售中，由於遇到的客戶類型不同，客戶的需求也有差異，所以對銷售員的銷售就會有不同反應。所以，銷售員不僅要揣測客戶可能的反應，還要巧妙應對，隨機應變，才能讓銷售事半功倍。

小張是一名酒廠的銷售員，為了大幅提高銷售業績，他每年都要在春節即將來臨之際，到商場和酒店銷售，說服商場和酒店的採購人員舉行各種促銷活動。但是，其他酒廠的銷售員也不會放棄這樣的機會，所以那些採購人員每逢此時都要想辦法躲開銷售員們的圍攻。

這天，小張來到了一家銷售量最大的商場，看到從採購部走出來一個又一個垂頭喪氣的同行，他認真籌畫了一番，然後拿著一個用禮品包裝紙包著的盒子走進了採購部。他看到商場負責採購的人先是頭也不抬擺手讓他離開，但看清楚他手上的禮品盒時，那位採購人員愣了一下，得知這禮品是送給自己，採購人員有些驚喜。採購人員打開盒子，他看到的是一瓶已經打開包裝的酒，甘洌的酒香很快充滿了房間。後來，小張又以同樣的方式向多家商場和酒店成功銷售出了這種酒。

如果銷售員事先對客戶將會產生的反應沒有任何準備，那麼當遇到客戶提出的異議、不滿以及拒絕時，就會措手不及。那麼，在銷售過程中，客戶經常會出現什麼樣的反應呢？

1.馬上拒絕

在很多時候，當客戶一明白你是銷售員時，就會馬上拒絕：「對不起，我們不需要！」或者「你們不要再來煩我們了」，接下來就是電話被掛斷的聲音。這種情況幾乎每個銷售員都會遇到，不管是打陌生電話，還是出其不意直接上門。

面對客戶如此冷淡的反應，大多銷售員選擇了最簡單也是看似唯一的辦法，就是：放棄。其實，銷售員應該明白，你在聯繫客戶之前就對客戶的相關資訊有所研究，才會認為客戶有需求，於是和其聯繫。那麼，既然客戶有這方面的需求，而你又能以最熱情的態度和最便捷的方式滿足客戶的需求，那你還有什麼理由放棄呢？

所以，遇到拒絕就馬上放棄還為時過早，你應該提醒客戶他有這方面的需求，而你正是為了滿足這種需求在最合適的時間出現了，同時用你的產品或服務中最亮的點來迎合客戶的需要。當然，銷售還需要做的是，時刻保持最親近的微笑和最周到的服務，如果你對客戶的態度特別好，他們也許會對你以禮相待。

2.不做任何反應

前面已經說過，面對客戶的拒絕並不可怕，因為拒絕了，銷售員還可以知道為什麼拒絕，而可怕的是客戶沒有任何反應，他們的表現是一言不發，臉上任何表情都沒有，也不直接拒絕，而是該幹什麼還幹什麼。

面對客戶的這種反應，銷售員不要自顧自介紹自己的產品，而應該想辦法藉助提問或者其他表示親近的方式引導客戶參與，只要客戶一經參與進來，下一步的工作自然就可以展開了。

3.表示厭煩

在現代的社會裡，銷售員的身影無處不在，「謝絕銷售」的牌子也是到處都是。由此可見，當銷售人員找上門來時，有的客戶表現出了極度的厭煩情緒，也是情理之中和司空見慣的。不管是什麼原因造成了客戶的厭煩，銷售員都不能將自己的委屈和不滿等消極情緒帶到推銷過程當中，因為那樣只會使事情變得越來越糟。

面對這種情況，銷售員應該了解一下客戶厭煩的原因，然後針對這種原因，避開客戶曾經遇到過令他不高興的情況，以一種新的形式來打動客戶。本篇開篇中小張的做法就是一個典型的例子。

4.提出各種質疑

這種情況太普遍、也太正常了，沒有任何疑義就同意成交的客戶簡直少之又少。但是，銷售員需要明白，客戶提出質疑，並不代表客戶就拒絕你了，如果你能接著消除客戶或疑義的話，這恰恰是促進銷售的良機。

面對客戶提出的質疑，銷售員要拿出能證明你產品優勢的真憑實據，然後在這一基礎上根據客戶提出的不同意見或疑慮來洽談。但是，銷售員需要注意的是，客戶提出的質疑可能包括多個方面，所以銷售人員必須善於觀察和分析。

5.猶豫不決

當客戶出現猶豫不決的情況時，銷售員要弄清兩個問題，一是面前的人是否有購買的決策權。如果對方不具有購買的決策權，那麼，銷售人員就應該想辦法弄清楚誰是起決定作用的人，然後再與有購買決策權的人溝通；二是如果對方擁有決策權，那使他無法決定主意的真正原因究竟是什麼？了解清楚對方遲疑的真正原因後，銷售人員再對症下藥。

對於表現出這種反應的客戶，銷售員首先需要的是有足夠的耐心，千萬不要逼迫客戶馬上做出決定。

6.推遲或變更談判時間

「對不起，我今天沒有時間……」，客戶這樣的推辭是銷售員經常遇到的。對於這種情況，客戶也許說的是實情，也許只是想以此為藉口來推託。如果客戶說的是實情，銷售人員當然要表示理解，並且配合客戶確定下一次約見的時間。如果客戶是以此為藉口，那你不妨巧妙打破對方的藉口，比如告訴對方你只做五分鐘的介紹（注意一定要把握時間，而且做的這個簡單介紹必須能引起客戶深入了解的興趣）；或者明確告訴對方，今天是產品促銷的最後一天，或者讓對方知道今天做出購買決定的其他好處等。

巧妙應付客戶的抱怨

抱怨對銷售的危害性極大，一個客戶的抱怨可以影響到一大片客戶，他的尖刻評價比廣告宣傳更具權威性。客戶的抱怨會直接妨害產品與企業的形象，威脅銷售員的個人聲譽，也阻礙銷售工作的深入與消費市場的拓展，千萬不能掉以輕心。

不少銷售員把客戶的抱怨視為小題大做、無理取鬧，這是由於銷售員僅僅把自己看作一個旁觀者。例如交貨時間比計畫遲了兩天，從銷售員的立場來看，只是小事一樁，但對客戶來說則是一件大事，交貨遲到會把周密安排的計畫打亂。假如銷售員事先不了解清楚，甚至當著客戶的面說「有什麼可值得大驚小怪的？」、「問題不會這麼嚴重吧？」那麼客戶抱怨的話一定會火上加油，甚至當場與你爭執起來，招致雙方反目。

當人們心中存了心結，促使其講出來比悶在他們心中更好。悶在心中的意見總會不時浮現，反覆刺激客戶，這種心理刺激會造成消極的影響，久而久之銷售員會失去客戶的信任。客戶將意見悶在心中，銷售員無從得知，便繼續令客戶不快的銷售做法，屆時情緒會更加對立，再試圖解釋和挽回工作都屬徒勞。

客戶的抱怨，也能轉化為生意良機，那麼應如何好好把握呢？

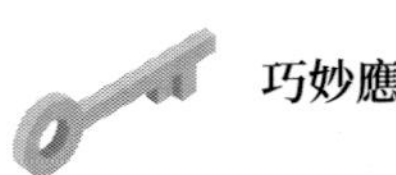

1 首先，必須盡可能使客戶申訴的管道暢通。客戶的抱怨是難以避免的，因而銷售員對此不必過於敏感，不應該把客戶的抱怨看作是對自己的指責，要把它當作正常工作中的問題去處理。

2 如果你拒絕接受賠償要求，應婉轉充分說明己方的理由，讓客戶接受你的意見就像你向客戶銷售產品一樣，需要耐心、細緻而不能簡單行事。

3 客戶不僅會因產品的品質與規格問題而抱怨，還會因產品不適合他的需要而抱怨，銷售員不要只注重產品原有的品質，要多注意客戶的需求是否能得到滿足。

4 有時，你對客戶的索賠只提供部分補償，客戶就感到滿意了。在決定補償客戶的索賠之前，最好先了解一下索賠的金額，你會發現，賠償金額通常要比原先預料的少得多。

5 在處理客戶為了維護個人聲譽或突出自身形象的抱怨時要格外小心，抱怨也是一面鏡子。

6 要經常與客戶面對面接觸。處理客戶的抱怨，重要的不是形式，而是實際行動與效果。

7 銷售員要認真對待各類抱怨，並把握時間調查，把調查結果公之於眾，不要拖延耽擱。

8 在你未證實客戶說的話是否真實之前，不要輕易下結論。即使客戶是錯的，他在主觀上也會認為自己是正確的，大多數客戶並不是無理取鬧，存心欺詐。

9 試著發現客戶暫時還沒有表示出來的意見和不便提出的問題。

消除客戶的反抗心理

銷售員都希望自己能夠遇到「善解人意」和「熱情大方」的客戶：對自己熱情歡迎、對產品大加讚賞、不挑剔產品的不足、在最短時間內做出購買決定，而且是一次性支付現金、在購買產品之後不再提出任何抱怨、下次有需求時會主動購買、介紹熟人前來購買等。

但是，這僅僅是一廂情願而已。在現實中，這種幸運幾乎不可能發生。相反，銷售員往往會遇到處處和自己做對的客戶：對自己拒之門外、抱怨有加、顯得煩躁等。

銷售員小王經過努力終於見到了客戶：「您好，您今天的氣色看上去很不錯，有什麼高興的事嗎？」

客戶：「氣色不錯？今天碰到了一大堆不好的事情，還能氣色不錯？」

小王：「噢，真對不起。我是聽說貴公司準備購買一批新的機器，不知道您是否願意了解一下我們公司最新研發的產品？」

客戶：「你是哪家公司派來的？」

小王：「我是XX製造有限公司的銷售人員，我們公司最近研發的這種產品性能非常先進，特別適合貴公司對產品高精確度、高複雜性的要求。」

客戶：「我最不喜歡XX公司的產品！」

小王垂頭喪氣回到公司，向銷售部的張經理報告了自己的情況。第二天，張經理親自去拜訪客戶。

張經理：「您正在忙什麼呢？」

客戶：「沒什麼事，隨便忙。」

張經理：「聽說貴公司打算新購一批性能要求更高的機器？具體進展如何？」

客戶：「目前才剛有這個方面的打算，具體如何採購我不能向你透露太多資訊。」

張經理：「這個我知道，我這裡倒有一些資訊可以和您共用……您覺得這種產品的特點如何？」

客戶：「我沒有時間評價這些東西。」

張經理：「那就挑您最有興趣的說一說吧。」

聊到最後，客戶對張經理表示，一些事情可以之後再具體詳談。

在上面的例子中可以看到，不管是小王還是張經理，他們遇到的客戶都具有較強的反抗心理，對他們一副拒人於千里之外的架勢。

對於客戶的這種負面心理，銷售員可以避免在介紹或提問時設置談話的界限，讓客戶自己來表達自己的意見，讓客戶平靜情緒，避免正面交鋒。待消除客戶的負面情緒，才能讓溝通得以延續。

其實，客戶對於銷售員的銷售工作經常抱有一定的消極心理，那麼，客戶都有哪些負面情緒呢？

1. 反抗情緒

有些客戶經常故意與銷售人員作對，但並非無理取鬧，而是他們當時正處於反抗情緒當中，或者他們性格中的反抗因數比較多。對於這類客戶，如果強行說服他們，只會使事情變得更加糟糕。

反抗情緒強烈的客戶，在談話中更具有獨特的個性，而且他們非常不喜歡被別人控制或引導。所以，應該利用旁敲側擊的方式，多提出開放式的問題，讓客戶自己來表達自己的意見。

2.急躁情緒

有些客戶會表現得相當急躁，比如語氣強硬，如果自己提出的要求得不到同意就要離開，或者當你介紹到一半的時候他們突然打斷，表示自己不願意再聽下去。遇到這樣的客戶，如果銷售員受其情緒感染，不能調節氣氛，就會使整個談話氛圍變得緊張起來，最後使無果而終。例如下面的例子：

銷售員：「對於您提出的產品價格，我們得再好好商量商量才行……」

客戶：「我就只能接受這個價格了，沒什麼好商量的，多出一分錢我都不願意，如果你們不行，那我只能再找其他商家了……」

銷售員：「您怎麼就一點也不通融呢？做人不要那麼固執嘛。」

對於這樣的對話，其結果可想而知。

銷售員對表現急躁的客戶，要保持冷靜和理智，先緩和氣氛，使客戶的情緒平靜下來，再談論雙方都比較關注的焦點問題，例如：

客戶：「我就只能接受這個價格了，沒什麼好商量的，多出一分錢我都不願意，如果你們不行，那我只能再找其他商家了……」

銷售人員：「那麼，您對產品的整體情況感覺如何？」

客戶：「整體感覺還不錯，現在就是價格問題了，這個價位我是不會考慮的。」

銷售人員：「看來您對產品的性能和品質都比較滿意。」

客戶：「是的，否則的話我就不會在這裡浪費時間了。」

銷售人員：「我們這裡也有一些價位比較低的產品，只不過性能和品質都和剛才那種產品不一樣……」

客戶：「那些我都不滿意。」

銷售人員：「可以從您的氣質上看出您眼光比較高，所以我一直沒有向您介紹那些品質不高的產品。」

客戶：「你剛才說它的價格是多少？」

銷售人員：「只比您現在看到的這種產品多五百元。」

客戶：「應該還可以打一點折吧。」

銷售人員：「這是最低價了，不過我們可以馬上為您免費送貨上門……」

這樣的談話方式，銷售成功的機率自然就比較高了。

3.不平衡心理

銷售員經常會遇到客戶這樣抱怨：「我們上次採購的那台機器如果從別家買，可以便宜一千元呢，以後可真得多比較幾家了。」

「你們公司的產品操作不如ＸＸ公司的簡潔方便，可是價格卻高出很多，這對我們來說不太滿意……」

這種抱怨表現了客戶的一種不平衡的心理，這種心理來自於兩方面：一方面來自於你的產品與競爭對手產品之間的差異，比如競爭對手的某種優勢你的產品不具備；另一方面則來自客戶與周圍人的對比，比如同事購買同類產品的價格更低。

客戶一旦產生這種心理，就更容易絞盡腦汁尋找產品的缺陷，如果銷售員此時不及時處理，就容易導致銷售的失敗。

要使客戶的心理感到平衡，銷售員要掌握客戶最關注的產品利益，盡可能尋找競爭對手不能提供的利益；或者將客戶的注意力轉移到某種新鮮事物上，讓客戶在愉快的心情中接受產品。另外，銷售員還可以向客戶提供一些「小恩小惠」：如客戶喜歡的小禮品、產品的配套設施等。這樣可以將客戶的注意力轉移到額外的優惠上，他們的心理可能會得到一些平衡，而這些「小恩小惠」其實只會讓你付出很少的代價。

4.虛榮心理

有些客戶虛榮心理較強，這是正常的，如果銷售員予以適當的滿足，往往可以取得不錯的效果，通常採取的方法是「示弱」、「恭維」等，如：「銷售工作非常辛苦，所做的一切都是為了讓客戶感到滿意，所以無論多麼辛苦都是值得的……」、「像您這麼有眼光的人真是不多，能夠結識您真是我的榮幸……」、「我只是對這個問題了解一點而已，聽說您在這方面是專家，能對我指點一二嗎？」

但需要注意的是，在向客戶「示弱」或者「恭維」時，一定要掌握分寸，過度的「示弱」或者「恭維」可能會使客戶對你的動機產生懷疑，並提高警覺，增加溝通的阻礙，又或者是客戶雖然喜歡虛榮，但可能討厭虛偽，如果發現你的表現相當虛偽時，他們會產生被愚弄或欺騙的感覺，這將使溝通走向反面。

消除客戶疑慮要耐心

在銷售中，銷售人員經常會遇到客戶的疑慮和排斥，有時是透過語言直接拒絕，有時是透過動作、表情和神態表現出來。其實，客戶產生這種疑慮不管是出於什麼原因，銷售員都有義務擔當起解決這些問題的責任，解除客戶的戒備心理，而不應該對客戶懷有抱怨。

在客戶的疑慮中，其實常蘊藏著契機，有時客戶會因為不了解而對產品提出質疑，但這表明他對這種產品是具有一定興趣的，如果對產品沒有一點興趣，那他又何必關心產品的品質是好是壞、價格是否公道？

因此，銷售員完全可以用可信的證據當面向客戶解釋，這可是轉變客戶態度的大好時機。無論從哪個角度來說，客戶心中存有疑慮並不是件壞事。

有些對公司和產品的誤解已經很深的客戶，銷售員不可過於急躁，應該先了解客戶疑慮的原因，如是否曾經有過不愉快的購買經驗、是從哪裡聽到產品不好的消息等。只有對以上資訊有了充分了解之後，銷售人員才能針對具體問題採取相應的技巧，最終化解客戶對產品的誤解。

一般來講，消除客戶的疑慮主要是在兩個方面下工夫。

1.消除對產品的誤解

客戶對產品存在誤解，原因可能有很多，有的是由於曾經使用過劣質的同類產品，有的是對產品具體特徵了解不夠充分，有時是銷售員介紹產品的方式不夠恰當，也可能引起客戶對產品的疑慮。所以，為了有效化解客戶對產品的誤解，銷售人員必須保持耐心，循序漸進，逐步讓客戶對產品有積極的認識。

2. 增強對公司的信心

客戶對於公司的品牌和信譽很關注，因而會擔心企業的品牌和信譽達不到某些要求。所以，在實際溝通過程中，銷售員不斷增強客戶對公司的信心也是消除客戶疑慮的重要方面。

對於客戶來說，銷售人員的形象通常就是整個企業形象的代表。如果銷售人員的表現不佳，客戶對企業的信心就會更加動搖，並增加他們的疑慮。

因此，銷售員無論是外在形象，還是內在素質，都應該提前做好充分準備。既要以一種自信、積極、熱情的形象留下良好的第一印象給客戶，又要透過得體的談吐、豐富的知識來獲得客戶認可。再利用具有影響力的機構、人物或事件說明問題，把證明企業信譽的相關資料展示給客戶，比如權威機構的認證、獲獎證明等。這樣一來，就比較容易獲得客戶的青睞。

處理客戶疑義時的五大技巧

1.「是的」、「但是」法

以「是的」的回答來接受客戶的意見，接著用「但是」的方式來陳述反對的意見。

例如：「您剛才說睫毛膏用上去比較乾，是的，但如果您每次使用之前來回拉動幾下，就可以讓膏體充分附著在上面，那樣就不會感到乾了。」、「我理解您的感覺，不過……」

2.先發制人法

對客戶可能要提出某些反對意見時，最好的辦法就是自己先把它指出來，然後採取自問自答的方式，主動消除顧客的疑義，這樣能給顧客一種誠實、可靠的印象。但是，銷售員在主動提出商品不足之處的同時，也要給客戶一個合理的、圓滿的解釋。

3.詢問法

從客戶的反對意見中找出誤解的地方，再以詢問的方式來徵詢意見。例如，一位客戶正在觀看一把塑膠把柄的鋸，問道：「為什麼這把鋸的把柄要用塑膠的而不用金屬的呢？看起來像是為了降低成本。」銷售員：「我明白您說的意思，但是，改用塑膠柄絕不是為了降低成本。您看，這種塑膠是很堅硬的，和金屬的一樣安全可靠。您使用的時候是喜歡又笨重、價格又貴的產品呢？還是喜歡用既輕便、價格又便宜的呢？」

4.引用比喻法

透過介紹事實或比喻以及使用展示等（如贈閱宣傳資料、商品展示），用較生動的方式消除客戶的疑慮。例如，客戶若說：「一張好好的臉幹嘛抹那麼多層化妝品？」銷售小姐回答：「您看，裹在很多層衣服裡面的皮膚，因為衣服阻隔了大部分的陽光照射和空氣中的粉塵、汗垢，不容易受到傷害，所以皮膚就細嫩。但是面部皮膚就不一樣了，它會因為經常受到陽光的曝晒導致黑斑產生，皮脂腺分泌出的油脂沾上了空氣中的粉塵和汗垢之後，就很容易阻塞毛細孔，使皮膚產生黑黃色素、面瘡、粉刺和過敏等痛苦。所以我們應該為面部皮膚穿上衣服。」

5.自食其果法

使客戶對商品提出的缺點成為他購買商品的理由，這就是自食其果法。對壓價的客戶，可以採用這種方法。例如，某客戶：「你們的制度為什麼那麼死板？」此時，銷售員要用肯定的語氣回答：「因為我們的商品是透過品質創建品牌，而不是透過銷量創建品牌，商店一直認為沒有一個嚴謹的、穩定的制度是不能製造出好的產品來的，也不能對消費者負責。」

所以根據不同客戶的反對意見，銷售人員應選擇相應的處理方式，並加以解釋和說明。這種回答和解釋的過程，實際上就是說服的過程。在這個過程中，銷售人員絕對不能把反對意見變為對銷售有影響的負面效應，失掉銷售時機。

發自心底去關愛別人

真誠的話語往往更能夠打動顧客的心，並贏得他們的信任。因為最後的成交是建立在顧客的信任之上的。無論銷售員的言辭或舉止如何動聽、如何討人喜歡，但如果它們缺乏真實，那又怎麼能夠取得顧客的信任呢？一旦顧客覺得你的言辭中包含著欺騙的成分，他們很可能就會馬上轉身離去。

在銷售行業中，有一些銷售員雖然能說善道，但業績卻不太理想，因為他們大多都有一個共同的缺點，就是所說的話讓客戶明顯感覺到不夠真誠，讓他們覺得只是在應付而已。這樣一來，他們的能說會道就反而成了一種缺點，因為他們越是在顧客面前「巧舌如簧」地展現自己的口才，就越會讓顧客覺得他們是在欺騙自己。

言談話語中缺乏誠實，常常使銷售員處於不利的地位，以一個服裝零售店的銷售員為例，當一個顧客在試穿一件外套後，以一種非常滿意的口吻詢問：「它看上去怎麼樣？」

「不錯，很好。」那位銷售員立刻回答道。

隨後，這位顧客又試了一件款式全然不同的衣服。能夠發現他對這件衣服也很感興趣，但是那位銷售員在面對顧客的這種詢問時，同樣是不假思索附和他的觀點。

但是，很快這位顧客就發現了那位銷售員的建議只不過是在虛偽迎合他，是沒有任何價值的，因為無論他試哪件衣服，也不管他穿上效果如何、是否合身，那位銷售員都會無一例外的說非常合適。這個銷售員留下了這樣的印象給顧客：他是不會對自己說出真話的，他的唯一的目的就是把東西賣出去。當客戶想到了這一層，自然也就不會在他那裡買衣服了。

真誠的話語，意味著一種承諾、一種責任。如果你無法真正兌現這種諾言，並承擔這種責任的話，那就要慎用一些承諾性的話語，儘管它們能一時讓你顯得很真誠。

有不少銷售員在向顧客銷售產品時，對顧客的要求幾乎是有求必應。但是，在顧客購買了產品之後，銷售員卻忘記了自己當初的承諾。

欺騙顧客就是欺騙自己，不講信用的銷售員最終會被顧客拋棄。

記住：你做的每一筆買賣都是一個廣告，它既可能會幫助你做成下一筆買賣，也可能會斷了你今後的銷路，它是你個人名譽的一個廣告。

誠實守信是取信於人的第一方法。具有魅力的銷售員應該是守信、誠實、靠得住的人。不講信用的銷售員也會心虛，而銷售員帶著這種心虛的感覺向顧客銷售產品時，又怎麼能好好展示產品，贏得顧客的青睞呢？

將客戶的不滿變成美滿

對客戶的不滿處理不當，就有可能小事變大，甚至殃及企業的生存；處理得當，客戶的不滿則會變成美滿，客戶的忠誠度也會提升。

有這樣一則例子：

幾名行銷主管到位於美國阿拉斯加的一家四星級飯店參加服務行銷理論研討會。他們想在離開酒店前到酒店的游泳池裡放鬆幾個小時。但是，當他們來到游泳池時，卻被禮貌告知游泳池已經關閉了，原因是為了準備晚上的一個招待會。這些行銷主管不滿，晚上他們就將回家，這是他們唯一可以利用的一點時間了。

聽完他們的抱怨後，招待員讓他們稍微等一下。過了一會兒飯店經理來到他們身旁解釋道，為了準備晚上的酒會，游泳池不得不關閉。但他接著又說，一輛豪華轎車正在大門外等待他們，他們將被送到附近的一家飯店，那裡的游泳池正在開放，他們可以到那裡游泳。至於轎車費用，全部由飯店承擔。這幾名先生非常高興，這家飯店留下了非常深刻的印象給他們，也使他們樂於到處傳頌這段服務佳話。

銷售員對不滿的客戶需更熱情接待，使衝動的客戶盡快平靜下來，並傾聽、記錄，鄭重其事記住對方的意見。做好記錄，既有助於雙方建立友好的洽談氣氛，又可以使客戶認為他們的意見受到了重視，沒有必要再吵鬧下去，並為銷售員下一步要如何妥善處理提供了參考依據。

在日常生活中常有這樣的情景：一批旅客預訂了旅館客房而無法馬上入住，因為前面的客人剛剛退房離店，服務員正在房間整理清掃，拎著大包小袋從外地趕來的旅客在走廊上大發牢騷，怨言不斷。經驗豐富的經理見狀，立即請旅客到自己的辦公室暫時休息，並為每位旅客都泡上了一杯熱氣騰騰的茶，在場的旅客連聲道謝，再多等一會他們也不會生氣了。

受敬使人氣平，受禮使人氣消。

對於某些客戶提出的抱怨，一時很難找到其中的真正根由，有些不滿純屬虛構，根本無法給予圓滿解決。碰到此類情況，精明的銷售員大多採取拖延的辦法，把眼前的糾紛擱置一旁，暫緩處理，比如答覆對方：「我馬上去調查一下情況，明天回覆給你。」

特別是遇到衝動而性急的客戶，不要急於馬上處理，以免草率行事。銷售員可以先停頓一下，先與客戶談點別的話題，例如天氣、社會新聞和對方情況等，目的是使客戶平靜下來，保持理智。這種方法也能有效處置客戶的不滿。

老練的銷售員總是迴避直接討論退、賠等問題，而是從分析入手，逐步了解購銷雙方各自的責任，最後找出雙方都能接受的條件。客戶提出的過分要求，絕大多數是因為客戶不了解具體情況，並非有意敲詐。

一般來說，客戶的要求不一定像原來想像得那麼苛刻，不近情理的耍賴型客戶畢竟屬於極少數。銷售員從大局出發，不妨自己吃一點小虧，退一步是為了進兩步，接受客戶提出的合理要求。

1　以良好的態度應對客戶的不滿。這要求銷售員不但要有堅強的意志，還要有犧牲自我的精神去迎合客戶。

2 按照客戶真正的希望處理客戶的不滿。舉例來說，表面上是客戶對保險代理人不滿，他打電話要求保險公司處理一個簡單的問題，等了好幾天都沒回應；但實際上，客戶是在警告代理人，保單到期後，他會去找另一家保險公司續保。令人遺憾的是許多公司只聽到了表面的不滿，結果對客戶的不滿處理不當，白白流失了客戶。

3 積極行動化解客戶的不滿。客戶表示不滿的目的是讓銷售員用實際行動來解決問題，而絕非口頭上的承諾或道歉，而且行動一定要快，這樣可以讓客戶感覺受到尊重，表達出銷售員解決問題的誠意，也可以防止客戶的負面宣傳，造成企業的重大損失。

4 給客戶層次高一點的補償。客戶不滿是因為企業提供的產品或服務未能滿足客戶的需求，客戶總認為受到了利益上的損失。因此，客戶不滿時，往往會希望得到補償。即使企業給了他們一點補償，他們通常也會認為這是他們應當得到的，因而也不會表示感激。這時如果客戶得到的補償超出了他們的期望值，客戶的忠誠度會有大幅度提高，而且他們也會到處傳頌這件事，企業的美譽度則會隨之上升。

第九章　促成交易的溝通技巧——給客戶一個購買的理由

銷售員整日奔波、風雨無阻為的是什麼呢？兩個字：成交。很多時候，並不是你的口才好，你的產品展示做得好，成交就水到渠成了，關鍵是你要把握好成交的環節。優秀的銷售員都遵循一定的方法和步驟，明確成交的目的，把握好成交的時機。不僅要追求成交的結果，還要追求成交的速度。優先於其他競爭對手與客戶達成交易。

捕捉客戶的購買訊號

客戶會透過一些購買訊號來表達他想成交的意圖，因此銷售員應密切注意客戶的成交訊號，抓住稍縱即逝的時機，使自己的銷售獲得成功。

在銷售過程中，成交的時機是非常難把握的。太早了，容易引起客戶的反感，造成簽約失敗；太晚了，客戶已經失去了購買欲望，之前所有的努力全部付諸東流。怎麼辨呢？當成交時機到來時，客戶會給你一些「訊號」，只要你留心觀察，就一定可以把握成交時機。

客戶在已決定購買但尚未採取購買行動時，或已有購買意向但不十分確定時，常常會不自覺表露出他的態度。客戶決定購買的訊號透過行動、言語、表情和姿勢等反映出來時，銷售員只要細心觀察便會發現。

下面這則銷售案例或許可以給我們提供一些有益的啟示。

某商場的銷售員對產品現場示範時，一位客戶問道：「這種產品一件多少錢？」對於客戶的這種問題，銷售員有三種不同的回答方法：1. 直接告訴對方具體的價格。2. 反問客戶：「你真的想買嗎？」3. 不正面回答價格問題，而是提出：「你要多少件？」

在所舉的三種答覆方式中，哪種答法為好呢？很明顯，第三種答覆方法可能更好一些。客戶主動詢問價格高低，這是一個非常好的購買訊號。這種舉動至少表明客戶已經對產品產生了興趣，很可能是客戶已打算購買但要先權衡自己的支付能力是否能夠承受。如果客戶對產品根本不感興趣，是不會主動前來詢問價格的。這時銷售員應及時把握機會，理解客戶發出的購買訊號，馬上詢問客戶需要的數量，會使「買與不買」的問題在不知不覺中被一筆帶過，直接進入具體的

成交磋商階段。銷售員利用這種巧妙的詢問方式，使客戶無論怎樣回答都表明他已決定購買，接下來的事情就可以根據客戶需要的數量協商定價，達成交易。

如果銷售員以第一種方式回答，客戶的反應很可能是：「讓我再考慮考慮！」如果以第二種方式回答，表明銷售員根本沒有意識到購買訊號的出現，客戶的反應很可能是：「不！我只是問問。」由此看出，這兩種封閉式的答覆都沒有抓住時機，與一筆即將到手的生意失之交臂。

其實，客戶對產品的具體要求不同，客戶對產品的重視程度也有差異，因而客戶決定購買所需的時間長短也不同。銷售員要時刻注意觀察，才不會失去機會。

如何把握客戶的購買訊號呢？首先必須要了解客戶對產品的反應如何。客戶對產品認同與否的反應大致可分為眼神、動作、姿態、語氣和語言方式，分述如下：

1.眼神專注

若產品非常具有吸引力，客戶的眼中就會顯現出渴望的光彩。例如當銷售員說到使用這個產品可以獲得可觀的利潤，或節省大量的金錢時，客戶的眼睛如果隨之一亮，就代表客戶的認同點是在獲利上。此時客戶正顯露出他的購買訊號。

2.動作積極

將宣傳資料遞給客戶時，若他只是隨便翻看後就把資料放在一旁，這說明他對於資料缺乏認同感，或者根本沒有興趣。反之，若客戶的動作十分積極，如獲至寶般翻看與查詢，則已經浮現購買訊號。

3.姿態反映心態

當客戶坐得離你很遠，或者翹二郎腿、雙手抱胸，都代表他的抗拒心態十分強烈，或者斜靠在沙發上一副慵懶的姿態，或根本不請你坐下來，只願意站在門邊說話，這些都是無效的購買訊號。反之，若客戶對你說的話頻頻點頭附和，表情非常專注而且認真，身體越來越向前傾，即表示客戶的認同度在提高。兩人洽談的距離越近，客戶的購買訊號越明顯。

4.語氣發生轉變

當客戶由堅定的語氣轉為商量的語調時，就是購買訊號。另外，當客戶由懷疑用語轉變為驚嘆用語時，也是購買訊號。例如，「你們的產品可靠嗎？你們的服務怎麼樣？」等問句，如果變成「使用你們產品之後有沒有保障呢？必須多久保養一次？」透露出客戶在認同產品後，想像將來使用時可能出現的問題，因此會以問題來替代疑惑，呈現想要購買的前兆。

5.語言購買訊號

語言購買訊號是客戶在洽談過程中透過語言表現出來的成交訊號。大多數情況下，客戶的購買意向是透過語言形式表示出來的。這也是購買訊號中最直接、最明顯的表現形式，銷售員也最易於察覺。通常表現為關心送貨時間或怎樣送貨，詢問付款事宜，包括押金、金額或折扣等。

例如，「一次訂購多少才能得到優惠呢？」「離我們最近的售後服務中心在哪裡？」「有朋友說它性能非常可靠，真是這樣嗎？」「您的產品真是太漂亮了！」「這很適合我們，能試用一下嗎？」等等。

當客戶為細節而不斷詢問銷售員時，這種一探究竟的心態其實也是一種購買訊號。如果銷售員可以將客戶心中的疑慮一一解釋清楚，答案也令其滿意，訂單馬上就會到手。怕就怕有些客戶會問一些不重要的話，讓你疲於奔命，或者問一些十分艱澀的問題，企圖打垮銷售員的信心。此時銷售員必須憑經驗判斷客戶的用意，並在很短的時間內轉移話題。

避免成交的障礙

別讓「煮熟的鴨子」飛走了！有些銷售員常常會碰到這樣的事：推銷過程原本很圓滿，眼看一份訂單就要到手了，這時客戶卻突然反悔，於是銷售員的大量心血都白費了。

有位家政公司的年輕員工吳小東，在一棟新蓋的大廈落成時，馬上跑去找該大廈的業務主任，想承攬所有的清潔工作。他做得很不錯，一個星期後，業務主任口頭上答應了這筆生意，當吳小東興奮的從側門走出來時，一不小心把消防用的水桶踢翻了，水潑了一地，一位事務員趕緊拿著拖把將地板上的水擦乾。

這一幕正巧被業務主任看到，他心裡很不舒服，打了通電話將這筆生意取消了。他的理由是：「這麼不小心，將來實際擔任本大廈清潔工作的人員更不知會做出什麼樣的事來。既然你們無法讓人放心，那麼還是解約為好。」

當生意快談攏或成交時，千萬要小心應付。所謂小心應付，並不是過分逼迫客戶，只是在雙方談好生意，客戶已經放鬆時，銷售員最好少說幾句話，以免攪亂客戶的情緒。此刻最好先將攤在桌上的資料收拾起來，不必再花時間與客戶閒聊。這種聊天有時會使客戶改變主意。如果客戶說，「嗯！剛才我是同意了，但有些細節我還要再考慮一下」，那你所付出的時間和精力就白費了。

銷售員的真正工作不是始於聽到異議或「不」之後，而是在聽到「可以」之後。一旦銷售員與客戶達成了交易，如果想真正完成，必須繼續銷售，而不是停止。當然，這裡指的不是回過頭來重新開始銷售產品，而是銷售自己、銷售企業的服務，還有售後服務。不要讓客戶感覺銷售員一旦達到了目的馬上就會對客戶失去興趣，這樣客戶會有失落感，他很可能會取消剛才的購買決定。

客戶對一件產品產生興趣後，往往不是立刻就買。銷售員的任務是要創造一種需求或渴望，讓客戶參與進來，讓他感到興奮，在客戶情緒達到最高點時，與他成交。

1.向客戶道謝

說聲謝謝不需要花費什麼，但卻含義無窮，有些銷售員不知道在道別後如何感謝客戶，這就是為什麼他們常常收到退貨和開拓不了更多客戶的原因。當銷售員向客戶表示真誠的感謝時，客戶會變得熱情、想方設法予以回報。

2.向客戶表示祝賀

客戶雖然已經同意購買，但他還是有點不放心，表現得不安，甚至會有點緊張。這是一個非常重要的時刻，客戶在等待，在觀察銷售員，看銷售員是否會興高采烈，是否會拿了錢就走。

現在客戶都需要友好、溫暖和真誠的撫慰，成交之後，銷售員應立即與客戶握手，向他表示祝賀。記住，行動勝過言辭，握手是客戶確認成交的表示。一旦客戶握住了你伸出來的手，他想再改變主意或退縮就不體面了。也就是說，客戶握住了你的手，就表示他不再反悔。

3.與客戶一起填寫合約

銷售員應是合約專家，能夠在幾秒鐘內完成一份合約，甚至閉上眼睛也能勝任這項工作。有些銷售員在填寫合約的時候默不作聲，把全部精力都集中在合約上。這種沉默會引起客戶的胡思亂想，他也許會對自己說：「我為什麼要簽這個合約？」接著，所有的疑慮重新湧上心頭，銷售員可能還要再搭上半個小時去挽回這筆買賣。

銷售員儘管知道需要填寫的內容，但仍然要讓客戶核實。銷售員邊寫邊與客戶輕鬆談話，目的是讓這一流程平穩度過，讓客戶對自己的決定感到滿意。銷售員的填寫動作應自然流暢，與客戶的談話內容卻應與產品毫無關係。銷售員可以談及客戶的工作、家庭或小孩，這些話題會把客戶的思緒從合約中解脫出來，同時表明銷售員並不只是對客戶的錢感興趣。

4.讓客戶簽字

為了避免可能發生的退貨現象，銷售員應盡一切可能防止客戶後悔。一旦合約填寫完畢馬上讓客戶簽字，並向客戶表明他作出了正確選擇。

5.盡快向客戶提供產品

不管你是為客戶提供一項服務，還是為客戶送貨，或者你需要為他安裝，都要盡早做完，越快越好。一旦客戶享受到新產品的好處，他就不會後悔了。

6.製造一點驚喜給客戶

給客戶一點意外的驚喜，比如麵包師給他的客戶一打麵包是十三個而不是十二個，這是一樁不會虧本的買賣。客戶會感到他做了一筆好買賣，會感激你，也就會忠實於你。

7.立即拜訪連鎖客戶

客戶最興奮的時刻是購物之後。因此這也是他最願意推薦其他購買者的時候。你應當問客戶是否認識其他對該產品感興趣的人，你是否可以利用這些關係。如果你禮貌提出請求，客戶通常能提供給你一兩個名字。但如果客戶暫時不肯，你也不要一味堅持，換個時間再談。

銷售員應當趁客戶的熱情仍然存在時，在同一天或第二天拜訪這些連鎖客戶。這樣你現有的客戶就感到有義務將這筆交易完成到底。畢竟，他不會在推薦給其他人的同時自己卻反悔了。

8.寄張卡片給客戶

很多客戶在付款時都會後悔。不管是一次付清，還是分期付款，總要猶豫一陣才肯掏錢。一個好辦法就是，寄給客戶一張卡片，再次表示稱讚和感謝。這樣不僅可以提醒他們已經做出的承諾，還能使他們回憶起你、回憶起他們對你的義務。卡片內容應當簡短、熱情，要用手寫，這樣會給客戶一種親切感，而不是公事公辦。最後要記住的一點就是，要保證在他們付款前兩三天收到卡片，但其中不要提錢的事。

把握成交的時機

有些銷售員不知道怎樣提出成交，或者不敢提出成交，結果白白錯過了許多成交時機。所以在最後的一段時間裡，銷售員要把握時機，採取積極有效的措施，開口請求客戶成交，千萬不要「愛你在心口難開」。

約克是一名廚房用具的銷售員，他曾經造訪一處農宅並向主人展示廚具妙用。約克永遠忘不了當時大家在廚房觀看展示的那一幕。

就在約克向這對夫婦展示完畢之後，男主人突然表示：「你介紹得雖然一點也不差，但我們還是不想買。目前我們家中連一間浴室都沒有。我們夫婦結婚已經二十多年了，每年我都信誓旦旦向夫人保證：『別擔心，明年我們就蓋一間。』年復一年，還在講明年。理由很簡單，不是農作物歉收，就是小孩病倒，或者需要新添農用機具，總找不到多餘的錢可用。」

老農略為停頓後又說：「為了一間自己的浴室，我們夢寐以求了多年，現在我們終於湊足了這筆錢。浴室沒蓋好之前，誰都休想搶走我口袋裡的半毛錢。」

聽了老農這段坎坷的經歷，約克決定立即打道回府。

兩天後約克在鎮上巧遇老農之妹。

「那天你們的生意談得怎麼樣？」老農的妹妹好奇問道。

「你想知道嗎？」約克說。

「你可知道當天在你離開之後，我哥哥有多生氣。我怕下次你們再碰上了，會吵起來。」老農的妹妹接著說。

「怎麼會這樣呢？」約克有點不解。

「原因很簡單，我哥哥其實很想買一組鍋子，不過你卻連機會都沒有給他。」老農的妹妹善意指點夢中人。

「我馬上去找你哥哥！」約克直覺反應。

「太遲了，現在我哥哥肯定不會再相信你了。」老農的妹妹如此回答。

此慘痛教訓令約克很長時間不能忘懷，如同晴天霹靂。道理很簡單，老農的辛酸說來句句動人，讓約克不知不覺沉溺其間，卻沒有捕捉到弦外之音。

約克向老農展示的那組鍋子既經濟又實用。老農夫婦有七個子女，年紀介於兩歲到十六歲不等，可以說這不是個小家庭。七個孩子不是小數字，子女不是可以隨便藏匿的。

老農早就聽說這組鍋子很實用，因此特意邀請約克到家中示範。老農雖然如此說「為了一間自己的浴室，我已夢寐以求多年。如今終於湊足了這筆錢。在浴室沒蓋起來之前，誰都休想搶走我口袋裡的半毛錢」，不過事實證明老農其實口是心非。

事實上老農想表達的意思是這樣的：「為了一間夢寐以求的浴室，我們含辛茹苦多少年。現在終於湊足了這筆錢，問題將迎刃而解了。」

其實他的肢體語言說得很明白：「瞧，我可是一位擁有七個子女的驕傲父親，在我的能力許可範圍內，我要花最少的錢，讓他們擁有最好的食物。為了這個目標，連夫人也不得不努力配合我完成。約克先生，你是不是有更好的產品可以讓她省時、省錢又省力完成這個心願？」

這才是老農所講的話真正的含義！實際上老農的處境已清楚透露出端倪。不過當時約克卻完全被老農悲涼的語調所感動，以至於無法判斷出上述問題已不再是老農奮鬥的唯一目標。舊的問

把握成交的時機

題已解決，對老農而言，當前最迫切需要解決的是提供給小孩們更好的物質享受，並且減輕夫人的負擔。所以，感情用事讓約克白白喪失了一次成交的機會，同時也無法讓老農享用物美價廉的產品，雙方都成了最大的輸家。

猶如釣魚，浮標開始動時，雖然你知道魚兒已經上鉤，但你卻不能立即把釣竿提上來，而應該等到浮標停止浮動，並且浮標一次、兩次、三次被拉入水裡時才可提竿。不能太早，也不能太遲，否則魚兒就跑掉了。銷售也是這樣，銷售員與客戶的交談總有高潮和低潮，但並不是每個高潮都是成交最合適的時機，即使在客戶發出購買訊號以後，也應該選擇最有利成交的洽談高潮，提出成交要求。如果銷售員錯過了某個交易時機，應該耐心等待下一個機會，千萬不可急於求成，欲速不達。

一般常用的成交技巧如下：

1. 用讚美的語言鼓勵成交。例如：「你的公司效益真好，如果用我們的產品，我相信效益會更好。」「貴公司的文明生產方式很值得眾多廠家效仿，我想，我們的產品會使貴公司更具現代化氛圍。」「您穿上這樣的服裝，會突出您的氣質和形體美。」
2. 利弊權衡分析法。當客戶已有購買意向，但並沒有下定決心，還在猶豫不決時，你應拿出筆和紙，把現在購買的好處及現在不買的弊處一一列出，或透過語言分別表述，巧妙突出當下就買的利益所在。
3. 時過境遷法。提示客戶，不抓緊時機，利益就會受到損害，好機會是稍縱即逝的。例如：「我們現有的客戶，幾乎把我們生產的全部產品都訂購了。」「如果您準備下個月再訂貨，恐怕我們就難以保證是否有貨了。」「這種型號的產品，由於稅收政策改變，下個月要提價百分之十二。」

若有以下心理傾向，則容易妨礙成交：

1. 銷售員不能主動向客戶提出成交要求

有些銷售員害怕提出成交要求後，如果客戶拒絕，將會破壞洽談氣氛，一些銷售新人甚至不好意思提出成交要求。據調查，有百分之七十的銷售過程中，銷售員未能適時提出成交要求。許多銷售員失敗的原因就在於他們沒有開口請求客戶訂貨。不提出成交要求，就像你鎖定了目標卻沒有扣動扳機一樣。銷售員每達成一筆交易，至少要遭到客戶的六次拒絕，只有學會接受拒絕，才能最終與客戶達成交易。

2. 銷售員認為客戶會主動提出成交要求

許多銷售員誤以為客戶會主動提出成交要求，因而他們等待客戶先開口。這是一種錯誤的觀點。絕大多數客戶都在等待銷售員首先提出成交要求。即使客戶有意購買，但如果銷售員不主動提出成交要求，買賣也難以做成。

從價格爭辯的漩渦中走出來

在銷售中，價格是銷售員與客戶洽談的主要內容，也是關係最終能否成交的主要因素。由於價格涉及買賣雙方的經濟利益，若客戶對同類產品之間的差異缺乏了解，而銷售員又陷在價格爭議的漩渦中不能自拔，結果必然會導致銷售失敗。

通常由於銷售員所做的介紹不足，使客戶對產品的性能和使用價值缺乏合理的評價標準，對產品的成本缺乏了解，就會懷疑價格的合理性。有的情況是，客戶覺得產品基本上可以滿足自己的需要，沒有給銷售員詳細解釋產品的機會，直接詢問價格，而銷售員又無法迴避，只能告訴客戶，而客戶又覺得是天價，所以雙方就此陷入爭議中，都無法讓步。或者客戶掌握的是過時的價格資訊，或者只掌握一般低檔品的價格，因而很可能對近期價格的上漲表示懷疑，對優質產品相應高價不理解。

客戶的購買策略也會使雙方角逐在價格上。例如，有些客戶覺得銷售員要價過高，為了防止上當受騙，客戶在銷售人員報價後就會還一個很低的價格，這就是所謂的「就地還錢」策略。這種客戶，有的是對成交無誠意、對銷售員有成見；有的是想透過壓價向其他同事顯示自己的能力；有的是想向銷售員顯示自己的談判經驗，如果銷售員讓價了，客戶會覺得他勝利了；還有的客戶是根據自己的購買經驗，知道討價還價總是有好處的。因此，即使是有誠意成交的客戶，有時也會透過「就地還錢」策略給銷售員一個「下馬威」。

還有一種情況是，客戶抓住產品的缺陷不放甚至任意誇大，以此要求銷售員降價。有經驗的客戶會抓住產品確實存在的一個小小的缺點大做文章，如抓住產品的設計、操作面板、體積、保修期等，先貶低產品，使銷售員覺得不如競爭對手的好，隨之喪失信心與意志力，最後在無奈中接受客戶提出的低價。在這種情況下，由於客戶指出的產品缺點確實存在，往往會令銷售員很為難。這種談判策略一般是具有專業性知識或有經驗的購買人員所經常使用的。

銷售員必須學會擺脫單純的價格爭論。那麼，具體應該怎麼做呢？

1.分析客戶的經濟狀況

在很多時候，客戶之所以認為產品的價格過高是因為超出了他的經濟承受能力，或者超出了他們的預算。這時，銷售員要認真分析，如果客戶的總體經濟狀態較差，與其交易就要慎重考慮。如果超過客戶預算，銷售員可以認真分析客戶的需要，看能否用其他型號的產品來滿足客戶。如果客戶確實有這方面的需求，而其他價格較低的產品又能滿足其需求，最終還是可以成交的。

2.找到客戶的偏好予以滿足

有些客戶把購買價格的高低看成是衡量企業實力或個人身分高低的象徵，也就是透過產品來提高名望或地位。對於這樣的客戶，他們樂於以比較高的價格購買產品。相反，如果你的價格太低，反倒會讓他們轉向別的商家。

3.把讓價作為爭取成交的手段

在某些情況下，銷售員可以把讓價作為爭取成交的手段之一，例如：「按照您提出的價格也可以，但不能分期，您需要全額交易。」

但是銷售員在讓價中必須注意，首先要衡量讓出的價格與獲得的成交利益之間的平衡，讓價不可太大；其次是讓價須要求客戶做出相應的讓步，也就是讓價要有條件，這些條件可以是客戶多購、現購、簽訂長期合約、增購其他產品等。

價格是促進客戶成交的最後一道防線，銷售員一旦突破了它，交易也就自然而然達成了。但是銷售員需要準確把握討價還價的技巧，不要讓自己陷在價格的爭議中難以擺脫。

誘發好奇，手到單來

好奇心是促使產品更新、提高產品銷量的重大因素。

誘發好奇心的方法是在見面之初直接向有購買欲望的顧客說明情況或提出問題，故意講一些能夠激發他們好奇心的話，將他們的思想引到你可能為他提供的好處上。

某大百貨商店老闆曾多次拒絕接見一位服飾銷售員，原因是該店多年來經營另一家公司的服飾，老闆認為沒有理由改變這固有的使用關係。後來這位服飾銷售員在一次銷售訪問時，首先遞給老闆一張紙條，上面寫著：「你能否給我十分鐘，根據一個經營問題提一點建議？」這張紙條引起了老闆的好奇心，銷售員被請進門來。他拿出一種新式領帶給老闆看，並要求老闆為這種產品報一個公道的價格。老闆仔細檢查產品，然後認真答覆了，銷售員也講解了一番。眼看十分鐘時間快到，銷售員拎起皮包要走，然而，老闆卻主動要求再看看那些領帶，並且按照銷售員自己所報的價格訂購了一大批貨，這個價格略低於老闆本人所報的價格。

可見，那些顧客不熟悉、不了解、不知道或與眾不同的東西，往往會引起人們的注意，銷售人員就是利用人人皆有的好奇心引起了客戶的注意。

一位銷售人員對顧客說：「先生，您知道世界上最懶的東西是什麼嗎？」顧客感到迷惑，但也很好奇。這位銷售人員繼續說，「就是您藏起來不用的錢。它們本來可以購買我們的空調，讓您度過一個涼爽的夏天。」

像這樣做就是製造神祕氣氛、引起對方的好奇，接著在解答疑問時，很有技巧性的把產品介紹給顧客。

曾經有過這樣一則故事：有一家生產「皇冠牌」香菸的企業想將自己的產品打入某海灣旅遊勝地。產品品質雖然不錯，但由於是新牌子，廣告做了不少，銷量仍毫無起色。

銷售員哈里斯十分苦惱，有一次抽著菸就上了公車。當售票員提醒他時，他忙熄滅香菸表示道歉，這時他看了禁止吸菸的告示，靈機一動想出了辦法。於是，他到處張貼「禁止吸菸」的宣傳畫。在「禁止吸菸」大字標語下，寫下一行不引人注目的小字：「皇冠牌也不例外」。看到宣傳畫的人就會想：「為什麼不例外呢？」這則宣傳標語引起了人們的好奇心，結果促成了購買「皇冠牌」香菸的熱潮。

以上的例子說明，能引起對方的好奇心，進一步就能實現相互接近的目的。引發好奇心不是故弄玄虛，還是要與對方的需要聯繫起來，觸發對方心理上的敏感點。例如，告訴對方說：「您親自看一看就會知道，這一定是您送給女朋友最好的禮物。」或者以權威者態度打動對方，如：「這種產品在國外展覽時，連某國總統都驚動了。」或者告訴對方有哪些名人買了這種產品，對方要見到也一定會喜歡。

能使對方產生好奇心，總是要引起對方的興趣，同時又有對方所未知的內容，這才能促使對方進一步行動，想弄清楚不明白的問題。

雖然利用好奇心可以促使銷售成功，但不能耍華而不實的花招，一旦顧客發現自己上當，你的計畫就會全部落空。

好奇心是人們普遍存在的一種行為動機，顧客的許多購買決策也多受好奇心理的驅使。銷售人員可以先喚起客戶的好奇心，引起客戶的注意和興趣，再說出商品的利益，並迅速轉入面談階段。這種銷售方法可以靈活多變、不留痕跡。

巧思妙問拿訂單

真正的銷售高手會透過一系列巧妙的、經過設計的問題來引導客戶的思路。學習就是思考的過程，思考就是問與答的過程。在我們生活中，你問什麼問題，就會有什麼樣的結果，銷售中也是如此。

愛因斯坦說：「提出一個問題比解決一個問題更有價值。」

提問可以引導對方的思維，鎖定對方的注意力，使對方的選擇餘地越來越小；透過提問，引導客戶順著我們的思路走，使客戶最後決定購買。

問題的種類有：開放型問題、封閉型問題、限制型問題和誘導型問題。

開放性問題沒有固定限制的答案，俗稱6W2H。6W是指：什麼（what），何時（when），何地（where），何人（who），為什麼（why），哪一個（which），第一個H是「how」，是指選擇、選用什麼方法去做。第二個H是「how much」、「how many」，是指要花多少預算、費用、時間……等等。

封閉型問題是指讓我們回答是或不是、可能或不可能、能或不能的問題。比如：你今天就買嗎？你是不是付現金？

限制型問題是指提供兩個或三個答案讓對方選擇，又叫二選一或三選一問題，比如：你是付現金還是刷卡？你要一件還是兩件？

據心理學家測算，人們回答二選一問題時，選擇後一個答案的概率是百分之七十五，對於三選一，選擇中間答案的概率是百分之五十。

誘導型問題又叫暗示型問題。誘導型問題是在封閉式詢問的基礎上加上提問者的主觀意志，暗示你想聽到或期待的答案。比如：今天簽約沒有問題吧？

有一個故事：

一條街上有三家水果店。一天，有位老太太來到第一家店裡，問：「有賣棗子嗎？」

店主見有生意，馬上迎上前說：「老太太，買棗子啊？您看我這棗子又大又甜，剛進回來，新鮮得很呢！」

沒想到老太太一聽，竟扭頭走了。店主納悶著：哎，奇怪啊，我哪裡不對，得罪老太太了？

老太太接著來到第二家水果店，同樣問：「有賣棗子嗎？」

第二位店主馬上迎上前說：「老太太，您要買棗子啊？」

「啊。」老太太應道。

「我這裡棗子有酸的，也有甜的，那您是想買酸的還是想買甜的？」

「我想買一斤酸棗子。」

於是老太太買了一斤酸棗子就回去了。

第二天，老太太來到第三家水果店，同樣問：「有賣棗子嗎？」

第三位店主馬上迎上前問：「老太太，您要買棗子啊？」

「啊。」老太太應道。

「我這裡棗子有酸的，也有甜的，那您是想買酸的還是想買甜的？」

「我想買一斤酸棗子。」

這與前一天在第二家店裡發生的一幕一樣，但第三位店主在幫老太太秤酸棗子時，問道：

「在我這買棗子的人一般都喜歡甜的，可您為什麼要買酸的呢？」

「哦，最近我兒媳婦懷上孩子啦，特別喜歡吃酸棗子。」

「哎呀！那要特別恭喜您老人家快要抱孫子了！有您這樣會照顧的婆婆，可真是您兒媳婦天大的福氣啊！」

「哪裡哪裡，懷孕期間當然要吃好，胃口好，營養好啊！」

「是啊，懷孕期間的營養是非常關鍵的，不僅要多補充些高蛋白的食物，聽說多吃些維生素豐富的水果，生下的寶寶會更聰明些！」

「是啊！吃哪種水果含的維生素更豐富些呢？」

「很多書上說奇異果含維生素最豐富！」

「那你這有賣奇異果嗎？」

「當然有，我們進口的奇異果又大又多汁，含維生素多，您要不先買一斤回去給您兒媳婦吃吃看？」

這樣，老太太不僅買了一斤棗子，還買了一斤進口的奇異果，而且以後幾乎每隔一兩天就要來這家店裡買各種水果。

第一個店主說：我的棗子又大又甜，新鮮得很。這叫「賣點」，但是我們不僅僅要了解我們產品的「賣點」，還要了解客戶的「買點」，客戶為什麼購買，吸引他的原因是什麼？「賣點」是站在產品的角度，「買點」是站在客戶的角度，銷售人員要多站在客戶的角度看看我們產品獨特的「賣點」是不是客戶需要的「買點」。

透過恰當的問題，我們可以得到自己需要的資訊，我們也可以控制談話的方向，讓結果朝著我們需要的方向前進。

還有一則故事：

有一家「應有盡有」、什麼東西都賣的商店，某天老闆問一個銷售員：「你今天接待了幾個客戶？」

「一個。」銷售員回答道。

「什麼？只有一個？」老闆很吃驚：「我們這裡的銷售員，每天都要接待幾十個客戶！那你的銷售額是多少？」

「二十萬！」

「什麼？二十萬，你是怎麼做到的？」

事情是這樣的，一個客戶到店裡買感冒藥，銷售員拿了藥給他後問：「誰生病了？」

「我太太。」客戶說。

「你真是一個細心的好丈夫。你這幾天照顧你太太，也一定很無聊吧。週末到了，為什麼不去讓自己放鬆一下呢？」銷售員說。

「呀，正想去釣魚。」接下來他們聊起釣魚。「你有好的魚竿嗎？」銷售員問。

「好的魚竿？」顧客問。

在銷售員的建議下，客戶購買了魚竿以及大、中、小號的漁鈎和漁線。

「你喜歡到哪裡釣魚？」銷售員又問。

「海裡釣魚。」

「哦，那你有船嗎？」

「沒有。」於是銷售員又介紹了一條帆船給他。

「你有拖得動這大船的車嗎？」

「沒有！」於是銷售員又賣給他一輛汽車。

從這則故事中，你感覺到銷售了嗎？銷售人員就是用這種「問」的方式代替了傳統「說」的方式。正是由於銷售員提出問題，才獲得了更多有用的資訊。適當的提問能夠營造開放的交流氣氛，能抓住並維持客戶的注意力，能發掘所有相關的客戶需要。

欲擒故縱，達成交易

老楊的車開了五年，想換一輛新車，就準備把舊車賣了。有一個車行老闆來看車，他一句好話都沒說，就把他的車子評價得一文不值，老楊因此十分生氣，還沒有等他開價，就下了逐客令：「你走吧，我不賣了。」

第二位車商來看車時，第一句話就是：「這車怎麼保養得這麼好！」

老楊說：「我很少開、自己又不抽菸，所以很乾淨。」

車商又說：「難怪，這車開了五年了，跟新的一樣，您一定很有品味。」

這話說到老楊心裡去了，兩個人就在那裡聊了起來，最後車子以十分便宜的價格成交。

在銷售學中，講到「要破壞對方產品的價值，才能方便砍價」，第一位車商就是運用了這種方法，但是他的話語嚴重傷害了客戶的自尊心，使客戶生氣了，於是失去了後面談判的機會。而第二位車商，反其道而行，多誇讚對方，把對方誇得心花怒放，最終輕易取得了他的信任，得到了讓價和最後的成功。

欲擒故縱法，就是先讓客戶暫時獲利，解除他們的反感和警惕之心，才更容易達到「擒」住客戶的目的。

1.贈品和打折

現在贈品和打折是銷售員最常用的方法，因為大多數人都會有貪小便宜的心理，喜歡確實看到自己可以減少的花費，為了迎合消費者的這種心理，很多商品促銷都會採用贈品和打折的方式。事實上，贈品大多只是一些便宜的、微不足道的物品，但正是因為這些物品的吸引，刺激了消費者的欲望，促成了交易。

有一家商店的打折方式很獨特，它首先規定打折的期限，第一天打九折，第二天打八折，第三天打七折……依此類推。所以客戶如果想在打折期間購買自己喜歡的產品，就可以在喜歡的日子過去。如果你想以最低的價格買，就等到打一折的時候去購買。但是，你要買的東西並不保證會留到最後一天。

這種方法有效抓住了客戶的心理，一般人不會在第一天或第二天就急著去買東西，但在第三天，就是打七折的時候，不少人因害怕自己想買的東西被別人買光，就忍不住了。在第四天就會出現搶購的熱潮。

2.試用產品

試用產品也是一個常見、好用的「欲擒故縱」法。如果可以試用產品，客戶大多都會踴躍參加。在他們試用這些產品的過程中，如果喜歡上了產品的功能和特性，試用結束後就會立刻購買

使用，從一個準客戶變成客戶。試用產品這一方法，很容易提高產品的知名度和市場占有率，一個忠誠的客戶所帶來的商機也是不可估量的。

3.限量銷售

限量銷售即是控制日銷售的產品量或產品總量，以此來誘惑消費者。

比如有一家臘味商店，出售的是全手工製作的各種臘味，貨真價實，風味獨特，很受客戶的歡迎。但這家商店有一個規矩，就是每天限量生產，賣完之後就不再銷售了，哪怕客戶強烈要求多做一些，也不做了。當有客戶問老闆為什麼時，老闆回答：「店裡人手不夠，若是做多就無法保證品質了，請您見諒。」

其實老闆的想法真的是限量保證品質嗎？他用的其實就是「欲擒故縱」法，人性就是這樣，越是得不到的東西就越覺得珍貴，而產品只有在他想買的時候買不到，他才會想盡辦法去買。

必須掌握的成交法

成交法是銷售人員所應學習的重點。合格的銷售員應善於根據不同情況，靈活採用不同的成交方法，在面對不同情況、不同客戶時，都能順利達成交易。

舉例來說：有一次，某壽險公司的一位銷售員去拜訪某電器商店的老闆，勸其投保。

「你說的保險是很好的，只要我的儲蓄期滿即可投保，五十萬元、一百萬元是沒有問題的。」

這時客戶其實決心未定，打算溜之大吉。

「麻煩您告訴我一下，您的儲蓄什麼時候到期？」

「明年六月。」

「雖說還有好幾個月，那也是一眨眼的工夫，很快就會到期的。我們相信，到時候您一定會投保的。」

「既然明年六月才能投保，我們不妨現在就開始準備，反正光陰似箭，很快就會過去了。」說完，銷售員拿出投保申請書來，一邊讀著客戶的名片，一邊把客戶的姓名等資料一一填入。客戶雖然一度想阻止，但銷售員不停筆，還說：「反正是明年的事，現在寫寫又何妨？」

「保險金您喜歡按月繳呢，還是喜歡按季繳？」

「按季繳比較好。」

「那麼受益人該怎樣填寫呢？除了您本人外，指定孩子，還是您的妻子？」

「妻子。」

剩下是保險金額的問題了，銷售員又試探性問道：「剛才你好像講是五十萬元？」

「不，不，不，不能那麼多，二十五萬元就行了。」

「以您的財力，本可投保五十萬元……現在照您的意思，二十五萬元好了。」

「三個月後我們來收第二季的保險金。」

「嗯？那不是今天就要交第一次了嗎？」

「是的。」

於是客戶也不提明年投保的事了，當即交了保險金。銷售員開好收據，互道再見。

銷售員終於把一件生意談成了。他使用的就是半推半就的方法，一步步把客戶由明年拉回到

今天成交。

總而言之，銷售人員必須掌握的成交法，主要有以下幾種：

1.「幾選一」成交法

此方法是提供給客戶幾種選擇方案，任其自選一種。這種方法是用來說明那些沒有決斷力的客戶。客戶只要回答問題，就能達成交易。換句話說，不論他如何選擇，購買已成定局。「選一」成交法把購買的選擇權交給客戶，沒有強加於人的感覺，因而可以減輕客戶購買決定的心理負擔。

2.「促銷」成交法

超市在舉辦促銷活動時總能吸引大批消費者，因為優惠的價格會對消費者產生吸引力。而「促銷」成交法是銷售員透過向客戶提供各種優惠條件來促成交易的一種方法。這種方法主要利用客戶占便宜的心理，以讓利的方式促使客戶成交。

「促銷」成交法增強了客戶購買欲的同時，也使買賣雙方的人際關係更融洽，有利於雙方的長期合作。但是採用此法無疑會降低利益，運用不當還會使客戶懷疑產品的品質和定價。因此，銷售員要合理運用優惠條件，並作好產品的宣傳解釋工作。

3.跳躍式成交法

跳躍式成交法是銷售員假定客戶已經作出購買決策，只對某一具體問題作出答覆，以此促使客戶成交的方法。

先跳過雙方敏感的是否購買的話題，自然過渡到實質的成交問題。如果客戶對產品興趣不濃或還有很大的疑慮時，銷售員不能盲目採用此法，以免失去客戶。另外，對於較為熟悉的老客戶或個性隨和、沒有主見的客戶，可以用跳躍式成交法；而對於自我意識強的客戶，不宜採用此法。

跳躍式成交法自然跨越敏感的成交決定環節，可以有效促使客戶決策，既節省時間，又提高銷售效率。但使用的時機不當，會產生強加於人的負面作用，引起客戶反感。

4.突出優點成交法

突出優點成交法是銷售員統整闡述產品的優點，藉以激發客戶的購買興趣。這種方法在勸說的基礎上進一步強調產品的優點，使客戶更加全面了解產品的特性，使客戶迅速做出決策。但是採用此法時，銷售員必須把握住客戶的內在需求，有針對性闡述產品的優點，不能將客戶提出異議的地方作為優點大加讚揚，以免遭到客戶的再次反對。

5.保證服務成交法

保證服務成交法是銷售員透過向客戶提供售後服務保證而促成交易的一種方法。有的客戶擔心產品品質、有的擔心是否有人上門安裝維修等，如果不解除客戶的顧慮，客戶往往會拖延或拒絕購買。保證服務成交法可以增強客戶購買的決心，利於客戶迅速決定購買。但是採用此法，銷售員必須做到「言必信，行必果」，否則將會失去客戶的信任。

6.把握局部成交法

把握局部成交法是指銷售員透過解決次要的問題，促成整體交易實現的一種方法。銷售員運用此法時要注意客戶的購買意向，慎重選擇次要問題。對客戶來說，重大問題會施加給他們較大的心理壓力，如在購房、汽車、高級家電等方面較為突出；而在金額比較小的交易面前，客戶會比較果斷，容易成交，如購買日用品。

把握局部成交法正是利用客戶的這種心理。對大型的交易，先就局部或次要問題與客戶交涉，然後在此基礎上就整體交易與客戶取得一致，最後成交。

7. 請求購買成交法

請求購買成交法是銷售員用簡單、明確的語言直接要求客戶購買產品的一種方法。在成交時機已經成熟時，銷售員應及時採用此法促成交易。

請求購買成交法簡單直接，可以節約時間，提高銷售效率，有利於排除客戶不願主動成交的心理障礙，加速客戶決定的過程。但是，請求成交法容易對客戶造成心理壓力，使客戶產生抵觸情緒，甚至可能引出異議。

一般來說，當客戶已表現出明確的購買意向，但又不好意思提出購買要求或猶豫不決時，都可運用此法促成交易。

8. 讚語成交法

讚語成交法是銷售員以肯定的讚語堅定客戶的購買決心。

讚美對客戶而言是一種動力，可以使猶豫者變得果斷、拒絕者無法拒絕。採用此法的前提是必須確定客戶對產品已產生濃厚興趣。而且讚揚客戶時一定要發自內心，語言實在，態度誠懇，不要誇誇其談，更不能欺騙客戶。這種成交法減少了勸說難度，有利於提高銷售效率，但是這種方法有強加於人之感，運用不好會遭到拒絕。

9.從眾心理成交法

從眾心理成交法是利用客戶的從眾心理，促使其決定購買。運用此法時銷售員必須分析客戶的類型和購買心理，有針對性、適時採用，切忌不分對象胡亂運用或矇騙客戶。從眾心理成交法能夠簡化推銷的內容、降低推銷的難度，但是不利於銷售員準確、全面的傳遞產品資訊，而且對於個性較強、喜歡表現自我的客戶，這種方法也可能會有相反的作用。

然而，人的行為不僅受觀念支配，更容易受到社會環境的影響，所以若運用恰當，這也是一個很好的銷售方法。

必須掌握的成交法

0 戒心銷售術

掌握 9 大銷售重點，精準找到客戶的痛點

作　　者：黃榮華，肖贊

發 行 人：黃振庭

出 版 者：崧燁文化事業有限公司

發 行 者：崧燁文化事業有限公司

E-mail：sonbookservice@gmail.com

粉 絲 頁：https://www.facebook.com/sonbookss/

網　　址：https://sonbook.net/

地　　址：台北市中正區重慶南路一段六十一號八樓 815 室

Rm. 815, 8F., No.61, Sec. 1, Chongqing S. Rd., Zhongzheng Dist., Taipei City 100, Taiwan (R.O.C)

電　　話：(02)2370-3310

傳　　真：(02) 2388-1990

印　　刷：京峯彩色印刷有限公司（京峰數位）

定　　價：299 元

發行日期：2021 年 7 月第一版

國家圖書館出版品預行編目資料

0 戒心銷售術：掌握 9 大銷售重點，精準找到客戶的痛點 / 黃榮華，肖贊著．-- 第一版．-- 臺北市：崧燁文化事業有限公司，2021.07

面；　公分

ISBN 978-986-516-629-8(平裝)

1. 銷售 2. 銷售員 3. 職場成功法

496.5　　110004813

電子書購買

臉書

蝦皮賣場